Verständliche Wissenschaft Band 77

Ernst Hadorn

Experimentelle Entwicklungsforschung
im besonderen an Amphibien

Nachdruck der zweiten Auflage

Mit 45 Abbildungen

Springer-Verlag
Berlin · Heidelberg · New York 1981

Herausgeber der Naturwissenschaftlichen Abteilung
Prof. Dr. Karl v. Frisch, München

Prof. Dr. E. Hadorn †
Zoologisch-Vergl. Anatomisches Institut der Universität Zürich,
CH-8006 Zürich, Künstlergasse 16

Umschlaggestaltung: W. Eisenschink, Heidelberg

ISBN-13:978-3-540-05264-7   e-ISBN-13:978-3-642-80593-6
DOI: 10.1007/978-3-642-80593-6

2149/3130-543210

Vorwort zur ersten Auflage

Mit unserer Darstellung möchten wir in die experimentelle Entwicklungsforschung einführen. Dabei beschränken wir uns fast ausschließlich auf Untersuchungen, die an Eiern, Embryonen und Larven der Amphibien durchgeführt wurden. Gewiß haben auch andere Lebewesen, wie Seeigel, Weichtiere, Würmer, Insekten und Vögel, wesentliche Einblicke in grundlegende Prinzipien und Gesetzmäßigkeiten des Entwicklungsgeschehens gewährt. Doch wäre es im Rahmen eines kleinen Buches unmöglich, mehrere und verschiedenartigste Entwicklungssysteme so weit zu erläutern, daß die maßgebenden Experimente auch genügend verständlich würden. Zudem ist die Beschränkung auf Amphibien besonders deshalb gerechtfertigt, weil mit den Keimen der Lurche seit rund achtzig Jahren mit nie erlahmendem Einsatz in vielen Laboratorien gearbeitet wird. Diese Bemühungen führten denn auch zu zahlreichen grundlegenden Entdeckungen, die weit über die Welt der Lurche hinaus Geltung haben, so auch für die Vorgänge unserer eigenen menschlichen Entwicklung. Daher stand — und steht auch heute noch — das Experiment an Amphibien im Zentrum der allgemeinen Entwicklungsforschung.

Aus dem fast unübersehbaren Erfahrungsgut, das wir den Arbeiten an Amphibien verdanken, treffen wir nur eine kleine und recht willkürlich erscheinende Auswahl. Wir stellen einige der berühmtesten klassischen Experimente vor. Daneben berichten wir aber auch von weniger bekannten Befunden. Schließlich soll der Leser auch etwas über neueste Experimente erfahren. Damit möchten wir ihn bis an die Front der heutigen Forschung heranführen. Hier mag er erleben, wie viele Geheimnisse des Lebens noch ungelöst sind und wie jedes weitere Vordringen neue spannende Probleme aufdeckt.

Sehr viele Forscher haben zu den Ergebnissen beigetragen, über die wir berichten; nur wenige von ihnen sind hier mit Namen genannt. Ein richtiger Quellennachweis hätte unsern Text zu sehr belastet. So bitte ich all die ungenannten Kollegen, aus deren Arbeiten ich ernten konnte, um gütige Nachsicht. Einzig in den Abbildungstexten ist auf die Autoren der Bildvorlagen verwiesen. Für die zeichnerische Ausführung der Abbildungen bin ich meiner Mitarbeiterin, Fräulein Maria Gandolla, zu herzlichem Dank verpflichtet.

Zürich, im Frühjahr 1961   Ernst Hadorn

Vorwort zur zweiten Auflage

Das für die erste Auflage maßgebende Prinzip, wonach in Methoden und Ergebnisse der Entwicklungsforschung in der Regel an Hand von Experimenten an Amphibien eingeführt wurde, bleibt auch für die zweite Auflage wegleitend.

Dabei ist jetzt der Stoffumfang in neu eingefügten Kapiteln über Wanderungen und Affinitäten von Körper- und Keimzellen sowie über Wirkungen von Erbfaktoren in der Frühentwicklung wesentlich erweitert worden. Es sind dies Arbeitsgebiete, die heute im Zentrum der Forschung stehen. Im übrigen konnten auch in den aus der ersten Auflage übernommenen Text zahlreiche neue Erkenntnisse eingebaut werden.

Der Autor hofft, daß das Büchlein weiterhin dem interessierten Laien, ebenso wie dem Lehrer und Studierenden der Biologie wesentliche Einblicke in spannende Probleme der Forschung erleichtern kann.

Auf Literaturhinweise soll wiederum verzichtet werden. Den Zugang zur Spezialliteratur kann der Leser in den am Schluß aufgeführten Lehrbüchern der Entwicklungsphysiologie finden. In diesen Werken werden denn auch die Arbeiten der Autoren aufgeführt, die in den Abbildungstexten vermerkt sind. Meinen Kollegen P. S. Chen und P. Tardent danke ich herzlich für fachliche Beratungen.

Zürich, im Sommer 1970   Ernst Hadorn

VI

Inhaltsverzeichnis

Eierlegen und Vorsorge für die Nachkommen

Schon Ende Februar und anfangs März finden wir in Weihern, Teichen und im flachen Uferwasser der Seen die ersten Laichballen (Abb. 1 a) der Grasfrösche *(Rana temporaria)*. Etwas später setzen die Erdkröten *(Bufo bufo)* ihre Eier ab, die wie zierliche Perlen in lange Gallertschnüre eingebettet werden (Abb. 1 b). Die europäischen Molche *(Triturus*-Arten) versorgen jedes Ei individuell. Mit den Hinterbeinen erfassen sie Blätter und Stengel von Wasserpflanzen und falten sie um das abgelegte Ei. Die äußerste Eihülle verklebt mit der Innenseite der Blattfalte, und damit wird dem Ei und Embryo ein verborgenes Entwicklungsbett gesichert (Abb. 1 c). Unsere Salamander aber behalten die befruchteten Eier

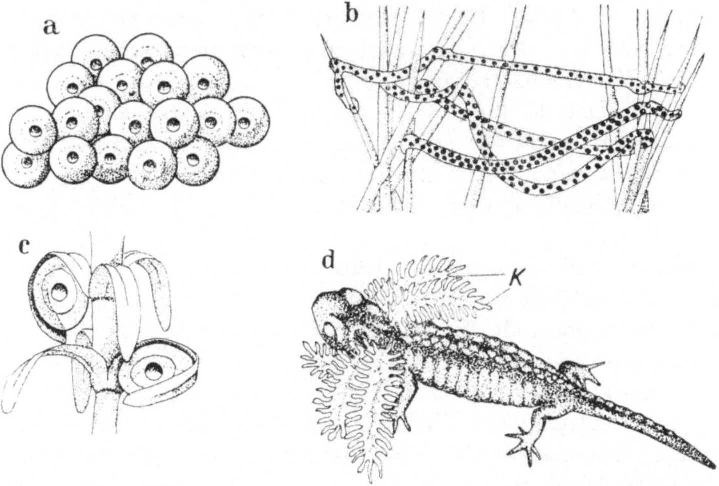

Abb. 1 a—d. a Teil eines Laichballens des Grasfrosches. b Laichschnüre der Erdkröte, ausgespannt zwischen Pflanzenstengeln. c Zwei Molcheier unter Blättern einer Wasserpflanze. d Larve des Alpensalamanders, aus Eileiter herauspräpariert, zeigt die übermäßig entwickelten Kiemen (*K*)

im Mutterleibe. Erst wenn die Frühentwicklung vollendet ist und schlüpffertige Larven ausgebildet sind, sucht der gelbschwarz gefleckte Feuersalamander *(Salamandra salamandra)* im Bach eine günstige Stelle, um dort bis zu fünfzig Kinder freizusetzen. Beim schwarzen Alpensalamander *(Salamandra atra)* beansprucht die Entwicklung im Mutterleibe sogar zwei bis drei Jahre. Was sich in dieser Zeit alles ereignet, ist höchst erstaunlich. Aus den Eierstöcken (Ovarien) werden zunächst in jeden Eileiter 30 bis über 100 Eier abgegeben (vgl. dazu Abb. 2). Diese Zahl ist je nach Wohngebiet (Höhenlage) und Alter des Weibchens so verschieden. Von diesen Keimzellen entwickelt sich aber in jedem Eileiter nur eine zum Embryo und zur Larve. So bevorzugt sind die beiden Eizellen, die je zuunterst in ihrem Eileiter liegen, die also der Kloake am nächsten stehen. Nur diese Eier werden von einer normal dicken Gallerthülle umgeben, und in der Regel werden auch nur sie besamt. All die übrigen Eier bleiben meist unbefruchtet; falls doch ausnahmsweise eines von ihnen besamt werden sollte, so gelingen ihm nur die frühesten Entwicklungsschritte. Während sich nun die beiden „untersten" Keime fortentwickeln, zerfallen alle übrigen Eizellen. Sie liefern dabei einen geschwisterlichen Nährbrei, der von den beiden bevorzugten Larvenkindern nach und nach völlig aufgebraucht wird. Diese Nahrung wird teils durch die Oberfläche der riesigen Kiemen (Abb. 1 d), ähnlich wie durch eine Darmwand, aufgenommen; teils wird der Nährbrei auch direkt gefressen. Die übergroßen Kiemen dienen außerdem der Sauerstoffaufnahme und der Resorption von Ausscheidungen des Eileiters.

Man kann diese Larven mit „Kaiserschnitt" herausholen und sie in einer Glasschale aufziehen. Setzt man einer solchen experimentellen Frühgeburt ein Würmchen vor, so wird augenblicklich zugeschnappt und geschluckt, also eine Handlung vollzogen, die unter normalen Umständen in diesem Entwicklungsstadium überhaupt nie ablaufen kann. Wie können wir solches Verhalten verstehen? Offenbar wurden die Erbkoordinationen, die den Freßakt bei freien Larven steuern, von den stammesgeschichtlichen Wandlungen, welche zur Sonderentwicklung des Alpensalamanders führten, nicht beeinträchtigt. Daher benimmt sich das Geschöpf aus dem Mutterleib nach Jahrtausenden noch genau so wie die Kinder der eierlegenden Vorfahren. Aber auch die Verwandlung der Larve vollzieht sich beim ungeborenen Alpensalamander gleich wie bei den Amphibien mit freier Entwicklung (S. 121). Die Kiemen werden rechtzeitig eingeschmolzen und die Haut für das Landleben umkonstruiert. Und wenn schließlich die metamorphosierten Jungen geworfen werden, so sind auch ihre Lungen funktionstüchtig. So benötigt der Alpensalamander für seine Entwicklung — und dies ist ungewöhnlich für ein Amphibium — kein Wasser mehr. Man kann diese Emanzipation als eine Anpassung an das Leben im Hochgebirge auffassen, wo Tümpel nur während weniger Monate eisfrei werden und Amphibienlarven selbst durch sommerliche Nachtfröste gefährdet wären.

Der Bestand einer Tierart ist dann gesichert, wenn bis zum Tode der Eltern mindestens zwei fortpflanzungsfähige Kinder herangewachsen sind. Dieses Ziel erreicht der lebendig gebärende Alpensalamander mit Würfen von nur zwei Jungen, die erst noch eine ungewöhnlich lange Tragzeit benötigen (S. 2). Das Wasserfroschweibchen legt dagegen in jedem Frühjahr bis zu zehntausend Eier ab, und doch haben wir keine ägyptische Plage zu befürchten. Durch „Unglücksfälle und Verbrechen" kommen fast alle Kinder als Embryonen, Larven oder Jungtiere um, so daß schließlich doch nur die Elterngeneration ersetzt wird. Offenbar wird im Tierreich die Anzahl der freigegebenen Eier, Larven oder Jungtiere um so kleiner, je besser die elterliche Vorsorge entwickelt ist. Diese naturgesetzliche Regel finden wir in den mannigfach verschiedenen Fortpflanzungssitten der Amphibien besonders schön bestätigt. Die Geburtshelferkröte (*Alytes obstetricans*), deren Männchen die Eischnüre um die Hinterbeine wickelt und bis zum Ausschlüpfen die Larven herumträgt und betreut, kommt mit rund hundert Eiern aus, während die frei ablegende Erdkröte in jeder Saison einige tausend Eier abgibt. Molchweibchen, die ihre Eier verstecken, legen in jedem Frühjahr nur einige hundert Eier, während in den offen liegenden Laichballen der Frösche viele tausend Individuen als Kinder nur einer Mutter ihre Entwicklung beginnen, und schließlich zeigen uns auch die beiden lebend gebärenden Salamander, wie mit der Verlängerung der Tragzeit und der im schützenden Mutterleibe erreichten Entwicklungshöhe die Kinderzahl abnehmen kann.

Ein Hormon als Auslöser der Eiablage

Warum laichen unsere Frösche und Molche nur im Frühjahr?
Auf der Unterseite des Gehirns (*Gh*) (vgl. Abb. 2) liegt bei allen
Wirbeltieren ein kleines Organ, die *Hypophyse* (*Hy*). Diese Drüse,
die ihre Sekrete als Hormone in das Blut abgibt, reagiert in ge-
heimnisvoller Weise auf die jahreszeitlichen Veränderungen in
der Umwelt, so vor allem auf die wechselnde Lichtmenge und die
unterschiedlichen Temperaturen. Wenn mit dem nahenden Frühling die Tage länger und wärmer werden, so schüttet die Hypophyse in die Blutbahn ein besonderes Hormon (Gonadotropin,
Gt) aus, das auf die Keimdrüsen (Gonaden) der geschlechtsreifen
Lurche so einwirkt, daß die Eier aus den Eierstöcken (Ovarien,
O) oder die Samenzellen aus den Hoden (*H*) austreten. Die
chemische Industrie liefert heute solch *„gonadotropes Hormon"* in
konzentrierter Form. Spritzt man einem Molch oder Frosch eine
angemessene Menge dieses Wirkstoffes unter die Haut, so legt das
Tier prompt nach zwei bis drei Tagen die Eier ab, die in den
Eierstöcken herangereift sind. Daß die Hypophyse, und zwar
aus ihrem Vorderlappen, tatsächlich ein solches Hormon liefert, läßt sich auch direkt zeigen. Wir präparieren Vorderlappen
der Hypophyse, die knapp die Größe eines Stecknadelkopfes erreichen, aus Fröschen heraus und schieben einem Versuchstier
zwei bis drei solche Organe irgendwo in einen der Lymph-
säcke hinein, die bei Amphibien zwischen Haut und Muskulatur
liegen. Nun wird für kurze Zeit die Konzentration des gonadotropen Hormons so groß, daß rasch die Eiabgabe (Ovulation) in
Gang kommt.

Dieses Experiment ist erstaunlicherweise nicht nur im Frühjahr
erfolgreich. Auch im Herbst und während des ganzen Winters
kann es mit Gonadotropin gelingen, unsere Molche und Frösche
zum Laichen zu bringen. Einzig im Frühsommer muß der zusätzliche Hormonreiz versagen, weil bei den Tieren, die im Frühjahr
normalerweise abgelaicht haben, im Ovar keine reifen Eier mehr
bereitliegen. In der entleerten Keimdrüse wachsen aber bald neue
Eier heran, und bis zum Herbst sind die Ovarien wieder voll-
gepackt. Doch haben unter natürlichen Bedingungen die Eier bis
zum kommenden Frühling zu warten; erst dann wird die Hypo-

physe so aktiv, daß ihr Hormon den entscheidenden Schwellen-
wert übersteigt.

Die Möglichkeit, durch Hormonbehandlung auch außerhalb
der natürlichen Laichzeiten Amphibieneier zu erhalten, wird heute

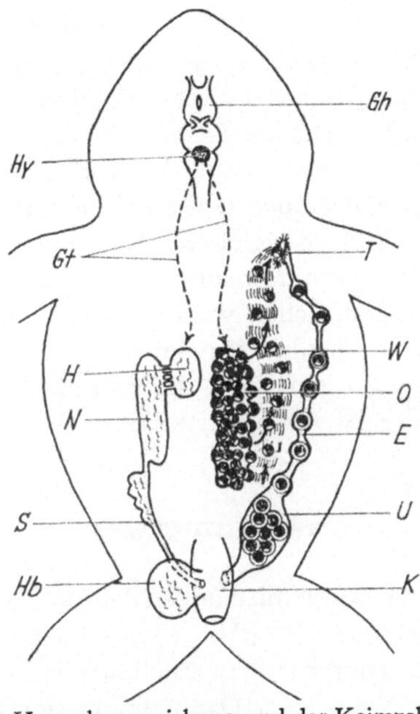

Abb. 2. Schema der Hypophysenwirkung und der Keimzell-Wanderung beim
Frosch. Links ist die Situation für ein Männchen, rechts für ein Weibchen
dargestellt. *Gh* Gehirn; *Hy* Hypophyse; *Gt* gonadotropes Hormon; *H* Hoden;
N Niere; *S* Samenleiter; *Hb* Harnblase; *T* Trichter; *W* Wimperbänder;
O Ovar; *E* Eileiter; *U* Uterus; *K* Kloake

von den Experimentatoren eifrig genützt. Bevorzugt werden dabei vor allem Arten, die während des ganzen Jahres ansprechen.
So sind u. a. der Axolotl *(Ambystoma mexicanum)* und der süd-
afrikanische Krallenfrosch *(Xenopus laevis)* zu eigentlichen Haus-
tieren der Entwicklungsforscher geworden. Dabei hat die durch
Hormon ausgelöste Eiablage auch eine interessante Verwendung
für medizinische Untersuchungen gefunden. Kurz nach Eintreten
einer Schwangerschaft ändert sich der Hormonhaushalt tief-
greifend. So wird mit dem mütterlichen Urin ein gonadotroper

Stoff in großen Mengen ausgeschieden, der auf das Froschovar gleich wirkt wie das zur Laichzeit von der Hypophyse abgegebene Gonadotropin. Der Arzt, der wissen möchte, ob bei der Patientin eine Schwangerschaft vorliegt, spritzt einem Krallenfrosch etwas Urin von der zu prüfenden Frau ein *(Xenopustest)*. Wenn das Versuchstier nach 12—24 Stunden seine Eier ablegt, ist der Nachweis erbracht, daß sich ein menschlicher Embryo im Mutterleibe zu entwickeln beginnt. Noch rascher kann die Frage von einem Krötenmännchen beantwortet werden. Schwangerenurin wirkt hier so auf den Hoden, daß ohne Verzug viele Samenzellen aus dem Hoden (H) (Abb. 2) austreten und durch den Samenleiter (S) in die Kloake (K) und von dort auch in die Harnblase (Hb) gelangen. Mit einer Pipette kann man leicht etwas Krötenharn absaugen. Schon wenige Stunden nach Zufuhr von Schwangernharn werden im Urin der Kröte die Spermien herumschwimmen, wogegen ein Harn, der von nicht graviden Frauen stammt, keine Abgabe von Samenzellen auslöst.

Das Ei unterwegs

Die Spermien der Amphibien finden den Weg nach außen leicht. Direkt an den Hoden (H) (Abb. 2) anschließend, führen feine Kanälchen zunächst durch einen speziell für die Samenleitung reservierten Teil der Niere (N). Dann nimmt der Harnsamenleiter (S = Wolffscher Gang) die Spermien auf und führt sie zur Kloake (K) und Harnblase (Hb) und von dort ins Freie. Ereignisreicher ist dagegen der Weg, den die Eier im Mutterleib zurückzulegen haben, und er erscheint auch schwierig zu begehen. Wenn unter der hormonalen Wirkung des Gonadotropins die Ovarhülle (O) platzt, so fallen die Eier zunächst irgendwo hinein in die freie Leibeshöhle. Nun liegt aber die trichterförmige Öffnung (T) des Eileiters (E = Müllerscher Gang) weit vom Ovar entfernt ganz vorn in der Achselgegend. Wie können die recht schweren und unbeweglichen Eizellen diesen fernen Trichter finden?

In die Bauchwand und auf einzelnen Organoberflächen sind eigentliche Transportbänder eingebaut. Sie sind dicht mit Wimpern (W) besetzt, die alle in der Richtung zum Trichter (T)

(Abb. 2) schlagen. Frei bewegliche Körperchen, also auch die aus dem Ovar herausfallenden Eier, werden auf diesen Wimperstreifen mit Sicherheit zur Öffnung des Eileiters und hier durch den ebenfalls flimmernden Trichter ins Innere des weiblichen Geschlechtsganges gestrudelt. Wie zuverlässig diese Förderanlage funktioniert, kann man experimentell mit Korkstückchen zeigen, die in die Leibeshöhle hineingebracht werden. Die Transportbänder tragen solche Fremdkörper wie Eier zu den Trichtern, und im Innern des Eileiters werden überdies die Korkbrocken auch als Eier behandelt, d. h. mit den üblichen Hüllen umgeben.

Die Bildung von Eihüllen gehört zu den wichtigen Aufgaben des Eileiters. Dies sei zunächst am Hühnerei erläutert. Im Ovar wächst die riesige Eizelle heran, die wir als Eigelb oder Dotterkugel kennen. Sie ist von einer feinen Membran, der Dotterhaut, umgeben. Diese primäre Eihülle wird von der Eizelle selbst ausgeschieden. Nur von ihr umschlossen, tritt die Eizelle in den Eileiter ein. Nun wandert das Vogelei im Verlaufe von 24 Stunden langsam nach außen, und eben auf diesem Wege wird es von zusätzlichen Hüllen umschlossen. Oben im Eileiter sondern spezielle Drüsen die massigen Eiweißhüllen ab, dann folgt die Bildung der zähfaserigen Schalenhaut, und schließlich liefert der unterste drüsige Teil des Eileiters das Material für die erhärtende Kalkschale, die hier auch noch ihre arttypische Färbung erfährt. Gleichmäßige Beimischung von Farbstoffen zum Kalkbrei führt zu den einheitlich gelben, braunen, grünen oder blauen Grundtönen. Flecken, Flammen und Streifen werden der Eischale aufgedruckt. Dabei treten an einzelnen Stellen des Eileiters die Pigmente aus, und die Wand als Ganzes arbeitet wie ein Stempelkissen. Wenn dazu das Ei sich unter einem solchen Druckstock noch drehend bewegt, können allerhand absonderliche Muster entstehen. Die Pigmente sind übrigens Abkömmlinge der Gallenfarbstoffe, die in der Leber aus dem Abbau des roten Blutfarbstoffes (Hämoglobin) hervorgehen.

Die Eizelle der Amphibien bildet ebenfalls eine feine, primäre Dottermembran, und im Eileiter (*E*) (Abb. 2) kommen auch zusätzliche Eihüllen dazu. Es sind dies gallertige Kapseln, die im Wasser rasch aufquellen, so daß nach der Ablage die Laichballen der Frösche um ein Mehrfaches die Größe des eierlegenden Weibchens übertreffen. Die Abb. 4 zeigt, wie das Molchei zuerst von zwei Gallerthüllen (*G*) und zuletzt noch von einer Klebhülle (*K*) umgeben wird. Während die Eiweißhüllen bei Vögeln der Ernährung des Keimes dienen, kommt den Gallertkapseln der Amphibien nur Schutzfunktion zu. Bei Fröschen werden überdies durch das Quellen der Hüllen die einzelnen Eier eines Klumpens so weit voneinander entfernt, daß sie alle freischwebend liegen und sich gegenseitig kaum beschatten. So können alle die einstrahlende Wärme der Frühlingssonne aufnehmen, und daher entwickelt sich eine Geschwisterschaft auch im gleichen Tempo. Dem Experimentator aber, der am Ei oder Keim operieren möchte, sind die vom Eileiter gebildeten Hüllen eher lästig. Er muß sie mit feinen Instrumenten entfernen oder schonend mit bestimmten Chemikalien (Natrium-Thioglykolat) auflösen. Die Entwicklung des Eies wird dadurch in keiner Weise beeinträchtigt.

Doch fragen wir noch, wie unter natürlichen Bedingungen die schlüpfreif entwickelte Amphibienlarve das Gefängnis der sie umschließenden Hüllen verlassen kann. Hier hilft der Vergleich mit dem Hühnchen nicht, das — kräftig herangewachsen — den ganzen Schalenraum ausfüllt und mit Hilfe eines auf dem Oberschnabel stehenden Eizahnes sich ein Loch herausfeilt, um anschließend die Kalkschale mit Gewalt aufzusprengen. Molche und Frösche besorgen dieses Geschäft mit Hilfe der Chemie. Nach Abschluß der Embryonalentwicklung sind die von der Eizelle mitgebrachten Dottervorräte weitgehend aufgebraucht. Das Lärvchen sollte jetzt äußere Nahrung aufnehmen. In diesem Zeitpunkt ist es aber so weit ausdifferenziert, daß es auch in der Natur auf den Schutz der Eihüllen verzichten kann. Jetzt scheiden bestimmte Drüsen der Larvenhaut ein Enzym ab, das die Eihüllen weitgehend auflöst, und so können die Larven losschwimmen hinaus ins freie Wasser.

Von der Besamung und Befruchtung der Eier

Mit den verschiedensten Methoden löst die Natur die Aufgabe, Eizellen und Samenzellen zusammenzuführen. Seeigel und viele andere Meertiere stoßen die Keimzellen einfach ins freie Wasser aus. Die Zahl der Eier und Spermien ist dabei so riesig groß, daß schon allein der Zufall genügen mag, um die notwendige Begegnung herbeizuführen. Zwar scheiden die Eier besondere Stoffe ins umgebende Meerwasser ab. Diese *Fertilisine* wirken auf die Spermien ein und verändern deren Oberfläche so, daß sie von der Eizelle aufgenommen werden können. Doch konnte nicht bewiesen werden, daß die Eistoffe der Seeigel die Spermien auch direkt anlocken. Eine solche Chemotaxis (S. 102) ist im Tierreich nur für den Befruchtungsvorgang bei dem marinen Hydroidpolypen *Campanularia* nachgewiesen. Bei anderen Tieren mit „äußerer Besamung" wird die Begegnung der Geschlechtszellen dadurch erleichtert, daß die Spermien direkt über die Eier ausgesät werden, wenn diese die mütterliche Kloake verlassen. So auch bei unseren Fröschen und Kröten. Hier umfaßt zur Paarungszeit das brünstige Männchen seine Partnerin und läßt sich von ihr tagelang herumtragen. Der wirksame „Klammerreflex", der durch männliche Sexualhormone ausgelöst wird, ist so stark, daß sich ein Männchen nur mit Gewalt vom Weibchen lösen läßt, und Kandidaten, die keine Weibchen finden, umklammern häufig mit sturer Inbrunst irgendwelche Gegenstände, wie Holzstücke.

Kompliziert erscheint das hochzeitliche Verhalten bei unseren einheimischen Molchen. Zur Paarungszeit, im April, wandern die geschlechtsreifen Tiere in ihre Laichgewässer. Unter dem Einfluß der Sexualhormone sind vor allem bei den Männchen herrliche Prachtskleider entstanden. Jetzt leuchten die Farben, und bei Kamm- und Streifenmolch sind die Rückenkämme maximal ausgebildet. Begegnet ein solches Männchen einem Weibchen, so beginnt das Paarungsspiel (Abb. 3a). Das Männchen stellt sich vor seine Partnerin, biegt den Schwanz nach vorn und bewegt ihn heftig wedelnd so, daß ein Wasserstrom die weibliche Nase treffen muß. Damit werden wohl männliche Gerüche angeboten, die als Auslöser für die weiblichen Paarungs-Handlungen bedeutsam sind. Nun läßt das Männchen aus der Kloake ein Samenpaket (Spermatophor, *S*) austreten, das mittels eines kompliziert gebauten Trägers (*T*) auf dem Hochzeitsplatz haften bleibt (Abb. 3c). Dieser Träger mit all seinen Rippen und Falten wird in der Kloake des Männchens so absonderlich gestaltet. Es handelt sich dabei um eine Ausgußform des Kloakenraumes. Das Weibchen kriecht über das Samenpaket (*S*) (Abb. 3b), umfaßt es mit den lippenförmigen

Kloakenrändern und nimmt die kostbare Gabe in den Kloaken-
raum auf (*K*) (Abb. 3 e). In die Kloakenwand mündet ein Büschel

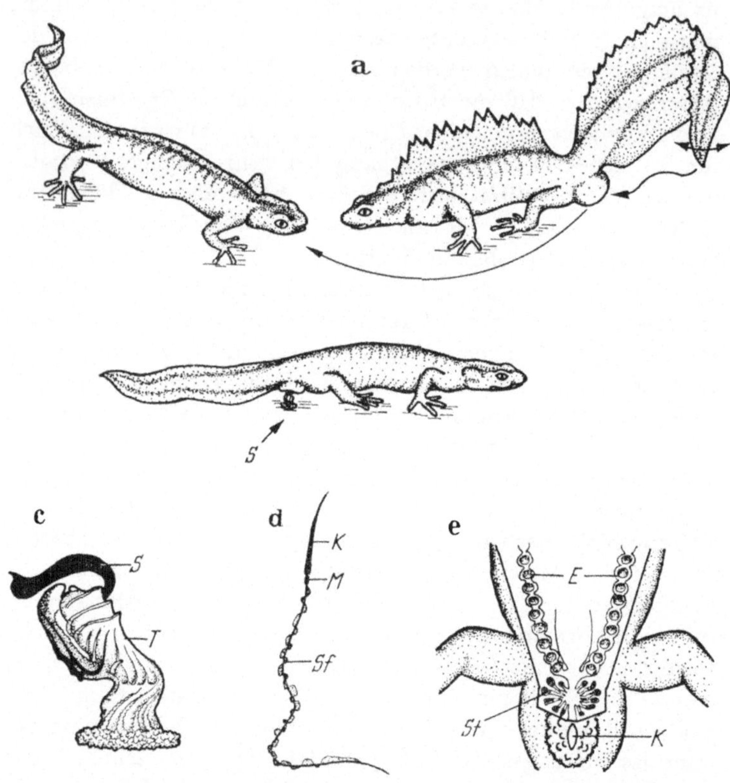

Abb. 3 a—e. a Ein Paar des Kammolches (*Triturus cristatus;* links Weibchen,
rechts Männchen) beim Liebesspiel. Die Pfeile zeigen, wie dem Weibchen
Duftstoffe zugefächelt werden. b Weibchen nimmt mit den Kloakenlippen
das Samenpaket (*S*) auf. c Samenträger (*T*) und Samenpaket (*S*) des Streifenmolches *(Triturus taeniatus)*. d Samenzelle eines Molches mit Kopf (*K* = Zellkern), Mittelstück (*M*) und Schwanzfaden (*Sf*). e Lage der Samentaschen (*St*)
an der Kloakenwand (*K*) bei einem Molch; in den Eileitern (*E*) befinden sich
noch unbesamte, aber legereife Eier (a—c nach R. Hesse)

von feinen Kanälchen (Samentaschen, *St*, Abb. 3 e), die dazu be-
stimmt sind, die Spermien des Samenpaketes zu beherbergen. Wie
Wegelagerer warten hier die Spermien auf die reifen Eier, die vom
Eileiter (*E*) herkommend die Kloake passieren. Jedes Ei wird bei

der Passage mit einem Spermatropfen betupft, und damit ist die Besamung des abgelegten Eies gesichert. Mit einem einmalig aufgenommenen Samenvorrat kann ein Weibchen während einiger

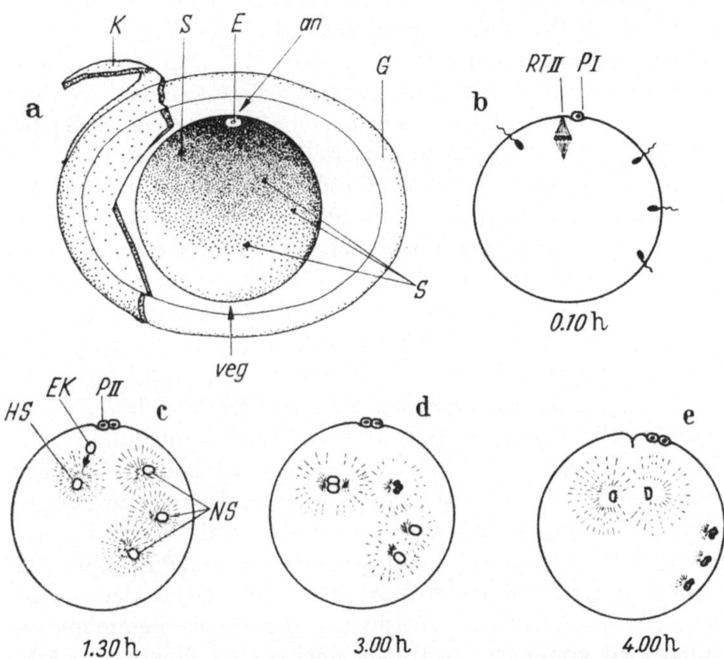

Abb. 4a—e. Befruchtungsvorgänge im Molchei. a Frisch besamte Eizelle, umgeben von Gallerthüllen (*G*) und Klebhülle (*K*); *an* animaler und *veg* vegetativer Pol; *E* Elfleck, *S* vier Spermaeinschläge. b 10 Minuten nach Besamung (*0.10 b*); *RT II* zweite Reifeteilung; *P I* erster Polkörper. c Nach 1.30 Stunden; zweiter Polkörper abgegeben (*P II*); *EK* Eikern; *HS* Hauptspermakern; *NS* Nebenspermakerne. d Nach 3 Stunden; Vollzug der Befruchtung. e Nach 4 Stunden; Beginn der 1. Furchungsteilung und Degeneration der Nebenspermakerne (b—d nach G. Fankhauser)

Wochen seine ein bis zwei Dutzend Eier besamen, die täglich abgelegt werden.

Doch schauen wir uns jetzt ein frisch gelegtes Alpenmolchei genauer an (Abb. 4a). Wir stellen zunächst fest, daß die von rasch aufquellenden Hüllen umgebene Eizelle im Wasser so orientiert ist, daß eine tief dunkelbraune Halbkugel stets oben, eine hell weißlich-gelbe und schwerere Hälfte unten schwimmt. Das Zentrum der pigmentierten Kalotte bezeichnen wir als den animalen Pol (*an*); damit ist eine Eiachse festgelegt, an deren unterem Ende der vegetative Pol (*veg*) liegt. Am animalen Pol erscheint stets eine aufgehellte Stelle, und inmitten dieses „Eiflecks" (*E*) können wir als ein Pigmenthäufchen in der Eirinde den „Richtungspunkt" wahrnehmen. Diese Stelle lenkt unsere Aufmerksamkeit auf einen grundlegenden Vorgang, der mit übereinstimmender Gesetzmäßigkeit in den Eizellen aller vielzelligen Tiere abläuft.

Im Zellkern einer zur vollen Größe angewachsenen Eizelle befindet sich zunächst, gleich wie in allen übrigen Körperzellen, ein Doppelsatz von Chromosomen. Bei den Molcharten sind es zweimal 12, beim Menschen zweimal 23 Chromosomen. Bevor das Ei befruchtungsfähig wird, muß diese „diploide" Chromosomenzahl auf die Hälfte reduziert werden (vgl. auch Abb. 34, S. 93 und S. 24). Dies geschieht durch zwei besondere Kernteilungen, die wir als *Reifeteilungen* bezeichnen (*RT I* und *RT II*). Die *RT I* läuft beim Molchei bereits im Eierstock ab. Diese Kernteilung ist von einer höchst ungleichmäßigen Verteilung des Eiplasmas begleitet, indem der einen Tochterzelle fast das ganze, der anderen nur eine winzige Portion des Eimaterials zugeteilt wird. Der so benachteiligte Partner wird als I. Polkörper ausgestoßen (*P I*) (Abb. 4b); er wird in der Folge nichts mehr leisten können. In der zweiten Reifeteilung (*RT II*), die allerdings erst nach der Besamung beendigt wird, kommt es zur Abgabe eines zweiten Polkörpers (*P II*) (Abb. 4c). Zur Zeit der Besamung steht die Eizelle des Molches noch mitten in dieser zweiten Reifeteilung (*RT II*). Dabei liegt der spindelförmige Kernteilungsapparat, in den die mütterlichen Chromosomen eingeordnet sind, direkt unter dem erwähnten Richtungsfleck. Wir werden später sehen (S. 21), daß diese exponierte Lage der Chromosomen den Experimentator reizen muß, einem Amphibienei sein mütterliches Erbgut wegzunehmen.

Verfolgen wir aber jetzt den Besamungs- und Befruchtungsvorgang noch genauer. Dabei gewährt das Molchei dem Beobachter eine außerordentliche Gunst. Dort, wo ein Spermium eingedrungen ist, entsteht einige Minuten nach der Besamung in der Eirinde ein deutlicher Pigmentfleck. Zu unserer Überraschung finden wir meist mehrere solche „Spermaeinschläge" (Abb. 4a), häufig bis zu einem halben Dutzend und darüber. Wir fragen, ob hier nicht eine gefährliche Abnormität vorliege. Tatsächlich verunglückt bei Seeigeln und bei vielen anderen Tieren die Eientwicklung, wenn mehr als ein Spermium eindringt. Bei den Molchen aber ist die „*Polyspermie*" physiologisch, d. h. normal. So wollen wir jetzt das Schicksal der verschiedenen Spermakerne verfolgen.

Die Samenzelle, das Spermium, besteht aus Kopf, Mittelstück und Schwanzfaden (Abb. 3d). Der Schwanzteil hat als Bewegungsorgan der Zelle seine Aufgabe erfüllt, sobald die Eizelle erreicht ist. Wir haben also nur noch die Rolle von Kopf und Mittelstück zu berücksichtigen. Wir betrachten nach Abb. 4 ein Ei, das von vier Spermien besamt wurde. Zunächst verhalten sich alle vier Konkurrenten gleich. Die Spermaköpfe schwellen etwas an und verraten dabei deutlicher ihre Natur als Zellkerne. Aus dem Mittelstück wird ein „Zentrosom" frei, das um sich herum eine sternförmige Plasmastrahlung (Aster) organisiert (Abb. 4c). Jetzt bewegt sich der Eikern (*EK*, Pfeil) auf denjenigen Spermakern zu, der ihm am nächsten liegt. Dieser wird auserkoren und darf sich als „Hauptspermakern" (*HS*) mit dem Eikern im Befruchtungsvorgang vereinigen (Abb. 4d). Der Verschmelzungskern vereinigt so das Erbgut, das von jetzt an die Entwicklungsrichtung und das Schicksal des neu begründeten Individuums bestimmt. Die beiden haploiden Kerne des Eies und des Spermiums, die bei Molchen je 12 Chromosomen enthalten, bauen zusammen den diploiden Kern mit seinen 24 Chromosomen auf. All die Millionen Zellkerne des sich entwickelnden Organismus sind Abkömmlinge dieses ersten Befruchtungskernes. Dabei beginnt die Kernvermehrung beim Molch vier Stunden nach der Besamung (Abb. 4e). Wir sehen, wie sich der diploide Kern bereits geteilt hat und wie vom animalen Pol ausgehend eine Plasmafurche beginnt, auch die Eizelle aufzuteilen. Das Fortschreiten dieser Furchungsteilungen werden wir später verfolgen (Abb. 11, S. 37). Die geordnete und gleichmäßige Aufteilung der Chromosomen wird durch den „Spindelapparat" gesichert. Jetzt wird auch die Rolle des Zentrosoms deutlich, das jedes Spermium in seinem Mittelstück mitbringt. Dieses Körperchen teilt sich vor jeder Kernteilung und organisiert die Spindelpole (Abb. 4d und e).

Was aber geschieht mit den überzähligen Spermien? Zunächst verändern sich diese Nebenspermakerne (*NS*) genau gleich wie der Hauptspermakern, und ihr Zentrosom wird auch von einer Strahlungsfigur umgeben (4c). Dann aber breitet sich vom hochzeitlich erfolgreichen Kernpaar ausgehend eine hemmende Wirkung aus, die nicht nur eine Teilnahme der Nebenspermakerne an der Entwicklung verhindert, sondern auch ihre Chromosomen verklumpen und degenerieren läßt. In der Abb. 4d ist dabei erst der dem Wirkungsort am nächsten liegende Kern betroffen; nach einer weiteren Stunde (Abb. 4e) sind auch die entfernteren Konkurrenten erledigt. Die Reste der Nebenspermakerne werden „an die Wand gedrückt" und verschwinden schließlich.

Vaterlose und mutterlose Wesen

Im Jahre 1910 wurde der französische Zoologe A. Bataillon durch seine Forscherneugier dazu verleitet, unbesamte Froscheier mit einer Metallnadel anzustechen. Auf diesen Reiz hin entwickelten sich die Eier zu normalen Kaulquappen und einzelne von ihnen gar zu fertigen Fröschchen. Eine solche experimentelle „Jungfernzeugung" oder „*Parthenogenese*" beweist, daß die Eizelle allein schon über alle Entwicklungspotenzen verfügt. Dies darf uns nicht allzusehr wundern, da wir wissen, daß der haploide mütterliche Chromosomensatz des Eikerns ein vollständiges Sortiment an Erbfaktoren enthält. Was normalerweise vom Vater hinzukommt, führt lediglich zu einer Verdoppelung der Gene, und dies ist prinzipiell entbehrlich.

Parthenogenese kommt in allen Tierstämmen vor. Sie ist vielfach zur natürlichen Fortpflanzungsweise geworden. So werden beispielsweise bei Stabheuschrecken, bestimmten Rüsselkäfern und gewissen Schmetterlingsarten überhaupt keine Männchen mehr benötigt. Aber auch dort, wo unter normalen Bedingungen eine Besamung und Befruchtung stattfindet, läßt sich die Entwicklung auch ohne Spermien mit den verschiedensten Reizen, wie Chemikalien, Temperaturschocks, elektrischen oder mechanischen Eingriffen, in Gang bringen. Das an sich „geladene" entwicklungsbereite Ei verlangt lediglich nach einem aktivierenden

Auslöser, und eben in dieser Aufgabe kann der Vater durch einen künstlichen Eingriff ersetzt werden.

Selbst Säugetiereier beginnen ihre Entwicklung relativ leicht ohne Besamung, wenn sie aus dem Eileiter herausgeholt und irgendwie „geschockt" werden. Man muß sie dann allerdings in die Gebärmutter einer „Amme" zurückversetzen, da sie nur im Mutterleibe zu reifen Früchten heranwachsen könnten. Ein solches Experiment ist offensichtlich bedeutend schwieriger als das einfache Anstechen eines Froscheies, und bisher wurde nur einmal die Geburt vaterloser Kaninchen gemeldet. Trotz vielfacher Versuche wollte seither eine parthenogenetische Vollentwicklung eines Säugetiers nicht mehr gelingen. Andererseits steht mit Sicherheit fest, daß unter einer großen Zahl von unbefruchteten Truthuhneiern sich stets einige spontan zu entwickeln beginnen, und viele dieser vaterlosen Wesen bringen es zu weit fortgeschrittenen männlichen Embryonen. Einige parthenogenetische Küken konnten zu geschlechtsreifen Truthähnen aufgezogen werden, und es gelang sogar, von diesen Tieren Nachkommen zu züchten.

Obschon Parthenogenese als Möglichkeit überall besteht, pflanzt sich doch die Großzahl der Lebewesen unter Einsatz von Männchen fort. Offenbar stehen wichtige Gründe einer allgemeinen Abschaffung der Männlichkeit entgegen, ansonst es unverständlich wäre, warum die Natur dieses Luxusgeschlecht beibehält. Es ist so, daß dank der Zweigeschlechtigkeit jedes Individuum mit einer neu zusammengestellten Erbsubstanz ausgerüstet wird. Damit können die verschiedenartigsten Kombinationen von Erbfaktoren auf ihre Lebenseignung hin geprüft werden. Der Selektion wird so eine fast unbeschränkte Mannigfaltigkeit an Auswahlmöglichkeiten geboten. Mit ihnen experimentiert die Natur dauernd, und dies führt zur „Zucht" angepaßter Formen und damit zu jenen großartigen Wandlungen, die sich in der Geschichte der Lebewesen ereignen konnten.

Sind auch mutterlose Organismen möglich? Gibt es ein männliches Gegenstück zur Parthenogenese, wobei hier die Entwicklung von der Samenzelle auszugehen hätte? Nun darf man einem Spermium nicht zu viel zumuten. Wohl enthält es — wie wir sahen — gleich viel und gleichwertige Chromosomen und Gene wie die Eizelle, doch fehlt der männlichen Keimzelle jener große

Plasmaleib, in dem in der Eizelle die Maschinerien und Energien untergebracht sind, die zum Aufbau des Embryonalkörpers unentbehrlich sind. Diese im Eiplasma verankerten Bauelemente müßte man dem nackten Spermium jedenfalls zur Verfügung stellen; dabei dürfte aber dieses Hilfs-Eiplasma keinen mütterlichen Zellkern enthalten. So hätte man ein Entwicklungssystem zusammengestellt, das in bezug auf die chromosomale Erbsubstanz (die Gene) tatsächlich mutterlos wäre. Bedeutende Klassiker der Biologie haben schon zu Ende des letzten Jahrhunderts derartige Versuchsanordnungen verwirklicht. So konnte der deutsche Zoologe Theodor Boveri besamte Seeigeleier durch Schütteln in Teilstücke zerlegen. Unter diesen Fragmenten gab es Stücke, die in einer Eiplasmaportion nur den Spermakern enthielten. Und wirklich, sie entwickelten sich — ohne die mütterliche Erbsubstanz — zu normalen Seeigellarven. Solche Organismen, die aus einem Teil (*Meros*) hervorgehen, nennt man *Merogone*.

Besonders verlockende Möglichkeiten zum Einleiten einer merogonischen Entwicklung findet der Experimentator beim Molchei, weil dieses ja von mehreren Spermien besamt wird (S. 11, Abb. 4). Wie Hans Spemann (Freiburg i. Br.) und vor allem Fritz Baltzer und seine Mitarbeiter (Bern) vorgingen, ist in Abb. 5 a erläutert. Mit einer feinen Kinderhaarschlinge kann ein frisch abgelegtes Ei des Streifenmolches (*Triturus taeniatus*) oder des Fadenmolches (*Triturus helveticus*, der auch den Namen *Triton palmatus* führt; vgl. Abb. 7) in zwei Hälften zerschnürt werden. Nur der eine Eiteil wird — neben einem oder mehreren Spermakernen — auch den mütterlichen Zellkern enthalten. Dieses Stück entwickelt sich zu einem normalen diploiden Tier (c), dessen Zellkerne 12 mütterliche und 12 väterliche Chromosomen enthalten (g). Das an sich erstaunliche Regulationsvermögen, das dazu führt, daß aus einem halben Ei ein ganzes Individuum hervorgehen kann, wird uns später beschäftigen (S. 57). Jetzt interessiert uns die andere Hälfte, die nur väterliche Chromosomen mitbekommt. Hier entsteht ein haploider „mutterloser" Merogon (b) mit 12 Chromosomen (f). Amphibienmerogone — und dies ist vor allem bei jenen Eiern wichtig, die sich nicht schnüren lassen — können auch „hergestellt" werden, indem man den oberflächlich liegenden Eikern (*E*) (Abb. 4a) mit einer feinen Mikropipette absaugt (Abb. 7a).

Haploide und diploide Molchlarven können wir auch unterscheiden, ohne die Chromosomen auszuzählen. Da die Zellgröße direkt mit der Chromosomenzahl ansteigt, finden wir bei haploiden Larven viel kleinere Pigmentzellen (Abb. 5 b) als bei diploiden (c). Der haploide Organismus gleicht die Kleinzelligkeit durch

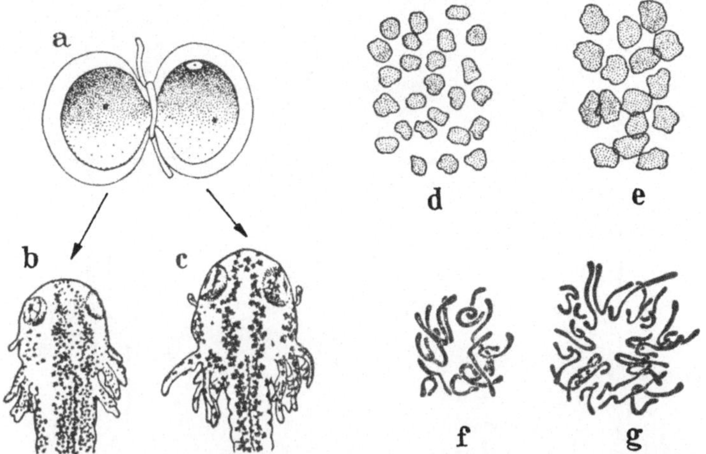

Abb. 5 a—g. a Herstellen eines Molchmerogons durch Schnüren des frisch besamten Eies; links die merogonische Hälfte mit einem Spermaeinschlag, rechts der zum diploiden Zwilling führende Eiteil mit Eikern (heller Fleck) und Spermaeinschlag. b Haploide merogonische Larve mit vielen kleinen Pigmentzellen. c Diploide Schwesterlarve mit weniger, aber größeren Pigmentzellen. d Größe und Dichte der Zellkerne in der Oberhaut einer haploiden Larve. e Entsprechender Ausschnitt aus einer diploiden Larve. f Kernteilung mit 12 Chromosomen aus dem haploiden Merogon. g Die 24 Chromosomen der diploiden Larve (b—e nach G. Fankhauser; f und g nach E. Hadorn)

Verdoppelung der Zellzahl aus. So sehen wir denn auch in der Haut des haploiden Tieres (Abb. 5 b) bedeutend mehr Pigmentzellen als bei der diploiden Larve (c). Sehr deutlich erscheint der Unterschied zwischen haploid und diploid auch in der Größe und Anzahl der Zellkerne, die entsprechende Areale in der Oberhaut des Flossensaumes der Larve besiedeln (Abb. 5 d und e).

In ihren Leistungen zeigen die Merogone große Unterschiede. Bei der überwiegenden Mehrheit bleibt die Entwicklung auf einem frühen Larvenstadium stehen. Solchen haploiden Larven ist eine Reihe pathologischer Merkmale eigen (Abb. 6a). Sie sind stumpfköpfig, kleinäugig und haben schlecht entwickelte Kiemen; sie leiden meist an einer unheilbaren Wassersucht und haben große Mühe, den Blutkreislauf richtig in Gang zu bringen.

Warum eigentlich die haploiden Molchmerogone in der Regel auf einem Larvenstadium stehenbleiben und hier meist von einer

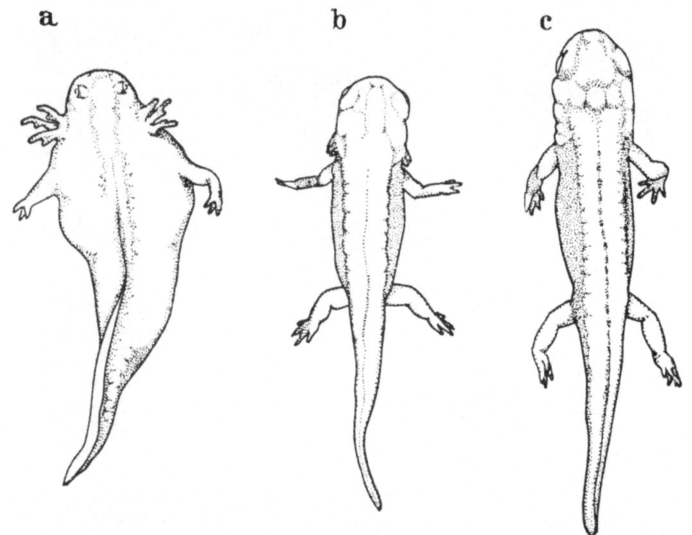

Abb. 6a—c. Typisch abnorme Entwicklung (a) einer haploiden Molchlarve. b Maximalleistung eines metamorphosierten, haploiden Merogons. c Zum Vergleich ein normaler, diploider Molch nach der Verwandlung. Die Jungmolche (b und c) sind weniger stark vergrößert gezeichnet als die Larve (a) (b und c nach G. Fankhauser; a nach E. Hadorn)

tödlich ausgehenden Krise erfaßt werden, ist recht schwierig zu verstehen. Vielleicht werden Stoffe, die für die Entwicklung unentbehrlich sind, nicht in ausreichenden Mengen aufgebaut. Um so erstaunlicher erscheint die Tatsache, daß doch einige seltene Individuen die kritische Phase überstehen, daß sie fressen lernen und zu älteren Larven werden. Und einer von diesen „Durchbrennern" lebte im Zoologischen Institut der Universität Bern gar hundert Tage lang (Abb. 6b). Er starb erst, nachdem er die Verwandlung zur Landform (Metamorphose) eben beendigt hatte. Dieser Streifenmolch durfte den Ruhm für sich beanspruchen, das älteste haploide Wirbeltier der Welt zu sein. Obschon das Rekordtier sich recht stumpfsinnig und träge verhielt und seinen Tod durch Ertrinken fand, was einem metamorphosierten Molch nicht passieren dürfte, beweist es doch, daß auch ein väterlicher Chromosomensatz allein genügen kann, um eine vollständige Entwicklung zu garantieren. Damit ist aber auch die *Gleichwertigkeit des väterlichen und mütterlichen Erbgutes* bewiesen, und so stellt dieser Merogon das Gegenstück zu einer erfolgreichen Parthenogenese dar.

Unerklärt bleibt vorläufig die große und störende Variabilität, der wir bei merogonischen Molchen begegnen. Möglicherweise beruht dies mindestens zum Teil darauf, daß in einem haploiden Chromosomensatz alle ungünstigen Gene exponiert werden. Wir alle führen in unserem Erbgute solche rezessive Letal- und Subvitalfaktoren. Sie können uns aber nur schaden, wenn sie zufällig bei der Befruchtung von beiden Eltern herkommen und in der gleichen lebensbedrohenden Zustandsform zusammentreten. Solche „homozygote" Kombinationen sind glücklicherweise nicht allzu häufig. In der Regel ist ein bestimmtes ungünstiges Gen nur in der Einzahl vertreten und wird durch ein normales Partner-Gen (Allel) dominiert. Diese Sicherung fällt bei haploiden Merogonen dahin, und da jeder haploide Chromosomensatz von jedem anderen in bezug auf die lebensgefährdenden Erbfaktoren verschieden sein kann, dürfte auch die Entwicklungsleistung und das erbbedingte Schicksal merogonischer Individuen so unterschiedlich ausfallen. Nur ausnahmsweise wäre zu erhoffen, daß ein Merogon, so wie der „Hunderttägige" (Abb. 6b) mit einer Erbsubstanz ausgerüstet würde, welche der anspruchsvollen Vollentwicklung doch einigermaßen genügen kann.

Gibt es ein Kernmonopol der Vererbung?

Gewiß, wir wissen heute, daß die mendelnden Erbfaktoren (Gene) in den Chromosomen des Zellkerns lokalisiert sind. Ebenso sicher steht fest, daß der Kern auf die Mitarbeit des Zellplasmas angewiesen ist. So fragt sich jetzt, ob sich die Machtbereiche von Kern und Plasma abgrenzen lassen. Theodor Boveri erfand das Experiment, von dem er glaubte, es müsse die Entscheidung bringen. Er kombinierte den Merogonieversuch mit einer Bastardierung: Eier einer Seeigelart wurden mit Spermien einer andern Art besamt. Und so konnte er nach dem Schütteln (S. 16) die Entwicklung von Eifragmenten verfolgen, die nur väterliches Kernmaterial enthielten. Gleichen solche „*Bastardmerogone*" der plasmaliefernden mütterlichen Art, oder zeigen sie die Charaktere des väterlichen Kernspenders?

Die Versuche haben eine lange und berühmte Leidensgeschichte. Boveri glaubte ursprünglich, daß seine Seeigelmerogone „Organismen ohne mütterliche Eigenschaften" seien, womit ein Kernmonopol der Vererbungsrichtung bewiesen wäre. Dreißig Jahre später hat dann aber Boveri in einer meisterhaften Arbeit, die erst nach seinem Tode erschienen ist, frühere Fehlerquellen aufgedeckt und nachgewiesen, daß seine Seeigelmerogone die entscheidende Frage nicht beantworten können. Sie entwickeln sich nämlich nicht weit genug und sterben auf einem frühen Embryonalstadium, d. h. zu einer Zeit, da noch keine Merkmale ausgebildet sind, welche die plasmaliefernde und die kernliefernde Art unterscheiden würden. Neuere Versuche anderer Forscher mit Seeigeleiern haben dann gezeigt, daß bei Bastardmerogonen doch vornehmlich väterliche Artmerkmale erscheinen.

Ähnliche Erfahrungen und Enttäuschungen erlebt man auch bei merogonischen Amphibienbastarden. In Abb. 7a ist gezeigt, wie man mit einer Mikropipette aus der Eizelle des kleinen Fadenmolches *(Triturus palmatus)* den mütterlichen Eikern (*p*) absaugt. Da dieses Ei vorher mit Spermien des großen Kammolches *(Triturus cristatus)* besamt wurde (*cr*), entsteht jetzt ein Bastard, an den die Mutter nur entkerntes (*p*)-Plasma, der Vater dagegen allein das Kernmaterial beisteuert (*cr*). Solche Keime entwickeln sich höchstens bis zu einem Stadium (Abb. 7b), das die erste Anlage des Nervenrohres und der Augenblasen zeigt. Dann geht die artfremde Kern-Plasmakombination unweigerlich zugrunde. Artmerkmale würden erst auf einem viel späteren Larvenstadium sichtbar. Nun gibt es aber einen Trick, der weiterhelfen kann. Bevor der Merogon in die Todeskrise eintritt, entnehmen wir ihm ein Stück oberflächliches Embryonalgewebe (Abb. 7c) und pflanzen es einem erbgesunden Wirtskeim ein (d), dem man vorher — platzmachend — ein entsprechendes Stück aus dem eigenen Ekto-

derm entfernt hat. Die verpflanzten Zellen markieren wir mit einer
Vitalfarbe, die ihre Weiterentwicklung nicht beeinträchtigt (punktiert). Mit diesem Experiment verbinden wir eine bestimmte
Hoffnung: vielleicht wird ein Teilstück, wenn es rechtzeitig aus der
krank werdenden Umgebung entfernt wird, über die Todesphase

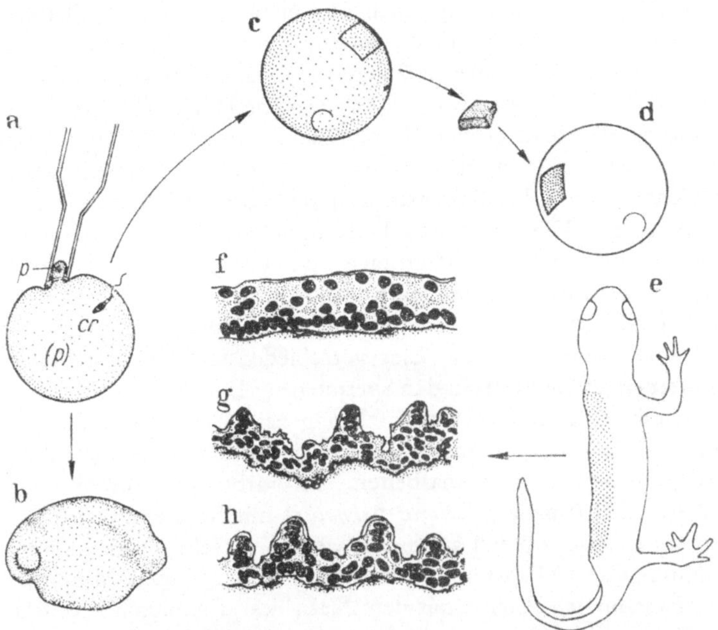

Abb. 7a—h. a Entkernen des *palmatus*-Eies (*p*); *cr* der *cristatus*-Spermakern.
b Maximalleistung eines (*p*) x *cr*-Ganzmerogons. c Spender eines merogonischen
Ektodermstückes. d Normaler diploider Wirtskeim *(Triturus alpestris)* mit
haploidem Implantat (punktiert). e Metamorphosierter Jungmolch mit
bastardmerogonischer Flanken-Epidermis. f Epidermis von *Triturus cristatus*
mit glatter Oberfläche. g Epidermis des Transplantates zeigt charakteristische
Höcker und gleicht damit der Epidermis eines normalen *Triturus palmatus*
(h) (nach E. Hadorn)

des Ganzmerogons (b) hinausleben, falls es einem normalen Entwicklungssystem eingefügt ist. Vielleicht wird es sogar das entscheidende Stadium erreichen, wo Artmerkmale erscheinen müssen.
Unsere Abb. 7e zeigt tatsächlich einen schönen Erfolg. Die
linke Flanke des Wirtes ist mit bastardmerogonischer Oberhaut
(Epidermis) bedeckt. Abgesehen davon, daß das Implantat das

Auswachsen der Beine verhindert hat, entwickelte sich unser Keim zur normalen Larve, die sich auch rechtzeitig zur Landform verwandeln konnte. Im mikroskopischen Schnittbild erkennen wir deutlich den Bereich, der von implantierter Epidermis bedeckt ist. Hier sind die Kerne und Zellen, weil haploid, viel kleiner als in den angrenzenden diploiden Geweben des Wirtes. Charakterisiert ist diese bastardmerogonische Epidermis (g) durch einen dichten Besatz mit feinen Höckerchen — und eben darin kommt ein Artmerkmal zum Ausdruck, weil solche Höckerchen auch die Haut des plasmaliefernden Fadenmolches auszeichnen (h). Hätte der in den merogonischen Zellen anwesende väterliche Kamm-Molchkern die Oberflächenstruktur der Epidermis bestimmt, so müßten diese Höcker fehlen: die Kamm-Molch-Haut ist glatt (f). Damit scheint der Beweis erbracht, daß das Zellplasma befähigt ist, ein Merkmal zu bestimmen, das nicht der Entwicklung entspricht, die für das Erbprogramm des Kernspenders typisch ist.

Heute können wir die Eier verschiedenster Amphibienarten entkernen und mit artfremden Spermien zur Entwicklung bringen. Eine reiche experimentelle Erfahrung zeigt: je näher sich zwei Arten stehen, um so länger können die beiden artfremden Zellkomponenten zusammenarbeiten. So stirbt die Kombination Fadenmolch-Plasma *(Triturus palmatus)* mit Streifenmolch-Kern *(Triturus taeniatus)* erst auf einem weit fortgeschrittenen Larvenstadium, also viel später als der in Abb. 7b dargestellte Merogon, wo Fadenmolch-Plasma mit dem Kern des „fremderen" Kamm-Molches versorgt wurde. Andererseits vermag ein Molchplasma mit einem Kröten- oder Salamanderkern gerade nur die ersten Entwicklungsschritte durchzuführen. Solche Erfahrungen zeigen nochmals, daß der Kern allein keineswegs die Entwicklung souverän beherrscht. Seine Gene sind vielmehr auf die Mitarbeit des Zellplasmas angewiesen, das eben auch über artspezifische Qualitäten verfügt. Und wenn ein Bastardmerogon — je nach Kombination früher oder später — zum Entwicklungsstillstand kommt, so beruht dies darauf, daß Kern und Plasma sich nicht mehr „verstehen" und so an der Lösung der geforderten Aufgaben scheitern müssen.

Wohlverstanden, solche Befunde sprechen keineswegs gegen die Bedeutung des Zellkernes als Träger der Erbfaktoren, der mendelnden Gene. Sie schränken einzig den Machtbereich des Kernes in bezug auf bestimmte Entwicklungsleistungen ein. Im übrigen gibt es, wie schon erwähnt (S. 20), auch eine Reihe von Merogonieexperimenten, wo Erbmerkmale beobachtet werden konnten, die durch Kerngene bestimmt werden. Wird z. B. kernfreies Plasma des schwarzen Axolotls mit einem Samenkern der weißen Rasse kombiniert, so entwickelt sich dieser Merogon zu einem väterlich bestimmten, d. h. weißen Tier.

Aber selbst dort, wo im Merogonieversuch (Abb. 7) plasmatisch bestimmte Erbmerkmale erscheinen, ist zu bedenken, daß die Eizelle ja während ihrer Wachstums- und Reifungsphase unter dem Einfluß eines mütterlichen Kerns gestanden hat. Es ist durchaus möglich — und, wie wir im nächsten Kapitel zeigen werden, auch in einzelnen Fällen nachgewiesen (S. 34) —, daß das Plasma der Eizelle, bevor der Samenkern eintritt, durch mütterliche Kern-Gene „prädeterminiert" wird. Die mütterlichen Eigenschaften der neuen Generation können dann nicht mehr als beweisende Argumente gegen ein „Kernmonopol" vorgebracht werden. Die Merogonieexperimente erlauben es leider nicht, zwischen einer kernbedingten Prädetermination und einer autonomen plasmatischen Vererbung zu unterscheiden.

Wirkungen der Erbsubstanz in der Eizelle

Wir werden später erläutern (S. 97), wie die Keimzellen während der Embryonalentwicklung in die Keimdrüsen einwandern (Abb. 36) und wie sie dort den Differenzierungsweg entweder zur Eizelle oder zur Samenzelle einschlagen. Nach der Metamorphose, die bei vielen Amphibienarten im Alter von 4—6 Monaten abgeschlossen ist, sind die jungen Molche und Frösche noch klein. Sie wachsen nun recht langsam heran, und bis sie die volle Größe erreichen, dauert es zwei bis drei Jahre. In dieser Jugendphase werden — unter dem Einfluß der gonadotropen Hormone der Hypophyse (S. 4) — auch die Keimdrüsen größer, und die Keimzellen entwickeln sich zur Befruchtungsreife. Ihre Zellkerne enthalten bei Molcharten zunächst, ebenso wie die Körperzellen, 24 Chromosomen, von denen 12 von der Mutter und 12 vom

Vater stammen. Der Chromosomenbestand besteht demnach aus zwei Sätzen; er ist diploid (Abb. 5 g). Während der Keimzellreifung wird die Chromosomenzahl auf die Hälfte vermindert (vgl. Abb. 34). In einer „Prophase" dieser *Reduktionsteilung* läuft ein entscheidender Vorgang ab. Entsprechende (homologe) mütterliche und väterliche Chromosomen treten zu Paaren zusammen (wie in Abb. 8 b). In unserem Beispiel sind es 12 Paare, wobei jeder Paarungspartner selbst wieder in zwei Schwesterchromosomen geteilt ist. Die 12 Vierergruppen (Tetraden) werden nun in zwei Reifeteilungen so auf künftige Eier oder Spermien verteilt, daß jeder reifen Keimzelle je ein nur einfacher (haploider) Chromosomensatz zugeteilt wird. Der Teilungsmechanismus, den wir hier nicht näher erläutern, sorgt dafür, daß jedes Chromosomindividuum und damit auch jeder Erbfaktor (Gen) einmal vertreten ist, wobei eine zufallsmäßige Auswahl aus den ursprünglich mütterlichen und väterlichen Gensortimenten getroffen wird.

Wir wollen jetzt zeigen, wie in der Eizelle der Amphibien in der Prophase der Reduktionsteilung von der Erbsubstanz Wirkungen ausgehen, die für den normalen Ablauf der Frühentwicklung unentbehrlich sind. Nach erfolgter Paarung der homologen Chromosomen werden diese außerordentlich verlängert. Sie können bei Molchen bis auf einen Millimeter ausgedehnt werden. Gleichzeitig sehen wir, wie von den Chromosomensträngen überall seitlich abstehende Schleifen ausgehen (Abb. 8 b).

Diese „struppig" erscheinenden Chromosomen werden als *Lampenbürstenchromosomen* bezeichnet. Wir finden sie nicht nur in den reifenden Eizellen der Amphibien, sondern ebenso bei Fischen, wie auch bei vielen wirbellosen Tieren. Selbst für die menschliche Eizelle wurde neuerdings ein Lampenbürstenstadium nachgewiesen.

Genauere Untersuchungen haben vor allem für Molche ergeben, daß die einzelnen Schleifen nicht zufällig verteilt sind. Große und kleine, dickere und feinere Schleifen, sowie Knoten treten stets an der gleichen Stelle in einem Chromosom auf (Abb. 8 b). Sie bilden ein artkonstantes Muster und erlauben es, die 12 Chromosomenindividuen einzeln zu erkennen. Pro Chromosom zählt man einige hundert Schleifen, und für alle Chromosomenpaare zusammen sind es an die 5000 Stellen, von denen Schleifen ausgehen.

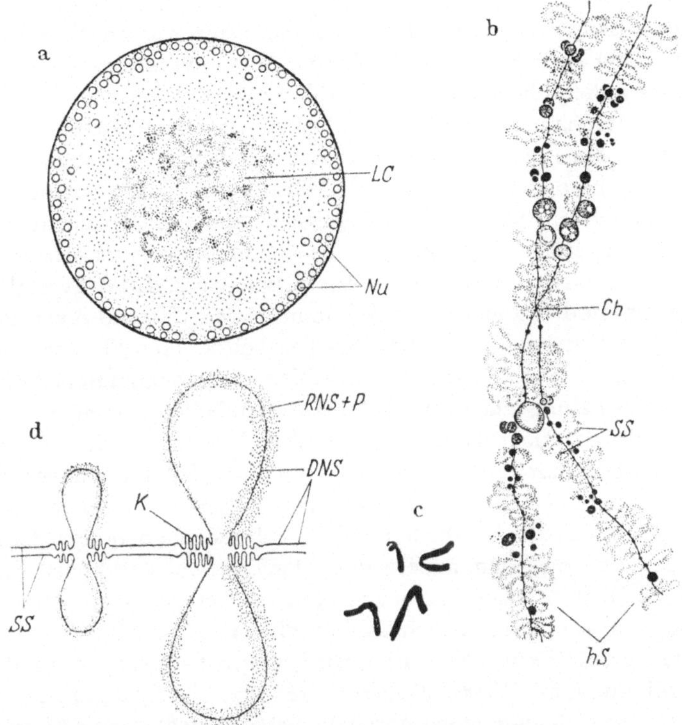

Abb. 8. Struktur und Funktion der Lampenbürstenchromosomen: a—c für *Triturus cristatus* (Kammolch). a Kern einer reifenden Eizelle: im Zentrum die verknäuelten Chromosomen (*LC*), an der Peripherie des Kernes zahlreiche Nukleolen (Kernkörperchen Nu). b Ausschnitt aus einem Paarungsstadium von zwei homologen Chromosomen (*h S* homologe Stränge); man beachte die Übereinstimmung im Schleifenmuster des mütterlichen und väterlichen Partners, die durch eine Verklebungsstelle (Chiasma, *Ch*) zusammengehalten werden. c Form und Größe einiger Chromosomen aus gewöhnlichen Körperzellen; sie sind in gleicher Vergrößerung gezeichnet wie das im Lampenbürstenstadium (b) dargestellte Chromosomenstück. d Schema der wahrscheinlichen Struktur eines Lampenbürstenchromosomes, zeigt die beiden DNS-Schwesterstränge (*SS*), die Knoten (*K*) und die zunehmende Anlagerung von RNS und Protein längs der Schleifen (RNS + P). (a—c nach H. C. Callan, d frei nach verschiedenen Autoren)

Wie Abb. 8 d zeigt, sind die Schleifen der Schwesterstränge symmetrisch gleich gestaltet, und dieselbe Ausprägung findet man auch beim homologen Paarungspartner (Abb. 8 b, *hS*). Das Lampenbürstenstadium dauert mehrere Monate. Dann werden die Schleifen völlig zurückgebildet, die Chromosomen verkürzen sich und nehmen die übliche Gestalt an (Abb. 8 c).

Wir fragen jetzt, welche Aufgabe der Lampenbürstenphase zukommt. Man kann zeigen, daß dieser auffallende Strukturwandel auf eine besondere Funktion der Erbsubstanz hinweist. Um dies zu verstehen, müssen wir auf einige Grundtatsachen der neuen Vererbungsforschung eingehen, die sich mit den *molekularen Vorgängen* der Genwirkung befaßt. Wir wissen heute, daß das vererbte Lebens- und Entwicklungsprogramm in den Chromosomen der Zellkerne verankert ist. Dabei wirken bei höheren Organismen, zu denen wir auch die Amphibien zählen, einige zehntausend Gene als Informationsträger und als Funktionseinheiten. Als eigentliche Gensubstanz dient dabei eine besondere Molekülart, die *Desoxyribosenukleinsäure* (DNS). Am Aufbau dieser DNS sind im wesentlichen vier Elemente (Basenpaare) beteiligt. Für ein Gen werden einige hundert bis an die tausend Basenbausteine benötigt. Jedes Gen kann von jedem andern individuell verschieden konstruiert sein, indem die vier Basenelemente in unbeschränkter Mannigfaltigkeit je unterschiedlich ausgewählt und angeordnet werden.

Die gespeicherte Information wird zunächst auf eine verwandte Verbindung, die *Ribonukleinsäure* (RNS) überschrieben *(Transkription)*, deren Baseninventar durch die Basensequenz der als Matrize dienenden DNS bestimmt wird. Die an der Gen-DNS geformte RNS kann verschiedene Aufgaben übernehmen. Eine Hauptkategorie von Genen „codiert" eine RNS, die als Boten-RNS oder *messenger-RNS* (m-RNS) bezeichnet wird. Diese m-RNS verläßt in der Regel den Zellkern und dient „draußen" im Zellplasma als Matrize für die Synthese von Eiweißketten. Als Bausteine für die Eiweiße (Proteine) stehen rund 20 verschiedene Aminosäuren zur Verfügung. Sie werden je nach der Basenreihenfolge der m-RNS in einer ebenfalls spezifisch bestimmten Reihenfolge zu den Kettenmolekülen der Proteine verknüpft. In diesem *Translationsvorgang* wird die Basensprache der Nukleinsäuren in die Aminosäuresprache der Eiweiße übersetzt. Die unbeschränkte Mannigfaltigkeit der verschiedenen m-RNS-Moleküle führt zu einer ebenso unbeschränkten Mannigfaltigkeit von unterschiedlich codierten Eiweißmolekülen.

Welche Bedeutung haben die Fabrikationsprodukte der Translation für das Leben der Zelle? Es gibt Aminosäureketten, die als Strukturproteine direkt am Aufbau von Zellbestandteilen beteiligt sind. Sie werden u. a. für verschiedenartige Fasern und Membranen verwendet, oder sie werden zu Teilen besonderer Moleküle (Globinketten des Blutfarbstoffes, S. 123). Andere Kettenmoleküle können die Rolle von Hormonen übernehmen. In ihrer großen Mehrzahl aber wirken die von der m-RNS codierten Eiweiße als Enzyme. Tausende von Stoffwechselschritten unterhalten und sichern die Lebensleistungen. Jeder Schritt wird durch den Einsatz eines besonderen Enzyms ermöglicht. Die Translation, welche die Enzymmoleküle entstehen läßt, erfolgt unter der Mithilfe besonderer „Kleinstorgane" (Organellen) der Zelle, die im Elektronenmikroskop als Kügelchen sichtbar sind. Diese Orte der Eiweiß-Synthese enthalten viel RNS; sie werden daher als *Ribosomen* bezeichnet. Ihre „ribosomale RNS" (r-RNS) unterscheidet sich von der m-RNS u. a. in der Molekülgröße. Besonderen Genen ist die Aufgabe übertragen, die Bildung und Struktur dieser r-RNS zu leiten. Wie wir noch sehen werden, sind die ribosomalen Gene an ganz bestimmten Stellen in bestimmten Chromosomenindividuen lokalisiert. Es sind dies DNS-Abschnitte, wo in jeder Zellteilung neu die *Kernkörperchen (Nukleolen)* organisiert werden (Abb. 9c, d). Tatsächlich versammelt sich die r-RNS zuerst in den Nukleolen. Von diesem Depot ausgehend, kann dann die r-RNS der ganzen Zelle zur Verfügung gestellt werden. Es gibt noch weitere RNS-Sorten. Wir wollen nur noch auf die *transfer-RNS* (t-RNS) hinweisen, die ihre Basenstruktur, wie die m-RNS und die r-RNS, ebenfalls von einer besonderen Kategorie von DNS-Genen übernimmt. Die verschiedenen t-RNS-Moleküle verbinden sich je auswählend mit einer der 20 Aminosäuren und führen diese Eiweißbausteine zum Fabrikationsort heran, d. h. dorthin, wo die m-RNS mit den Ribosomen in Kontakt steht. In der Tabelle 1 sind die molekularen Vorgänge zusammengefaßt.

In das molekulare Geschehen, das in jeder lebenden Zelle abläuft, ist nun auch die Spezialfunktion der Lampenbürstenchromosomen einzuordnen. Es steht fest, daß die feinen Längsstränge wie auch die Achsenfäden der Schleifen von zusammenhängenden Riesenmolekülen der DNS durchzogen sind (Abb. 8d). Es ist

Tabelle 1. *Aufgaben der Erbsubstanz bei der Bildung der Funktionseinheiten der Genwirkung. Die Abkürzungen sind im Text erklärt*

Gene ⟶ Transkription ⟶ RNS ⟶ Translation ⟶ Proteine	
1. DNS-Code für ⟶ m-RNS	= Code für Struktur- und Enzymproteine
2. DNS-Code für ⟶ r-RNS	= dient als Teil der Ribosomen der Proteinsynthese
3. DNS-Code für ⟶ t-RNS	= bringt Aminosäuren zum Ort der Proteinsynthese

ebenfalls nachgewiesen, daß besonders im Bereiche der Schleifen viel RNS und auch Protein angereichert wird. So darf man die Schleifen als Abschnitte der Erbsubstanz deuten, wo bestimmte Gene besonders aktiv sind. Obwohl mehrere tausend Schleifen auftreten, zeigen Berechnungen, daß in diesen Strukturen kaum mehr als 3—5% aller Gene tätig sind. Die restliche Hauptmacht kommt offenbar erst später zum Einsatz, wenn sich der Embryo zur Larve und diese zum Adulttier entwickelt.

Was aber weiß man über die Genaktivität in der Lampenbürstenphase? Erstens sind jetzt Gene tätig, die der Zelle besondere m-RNS-Moleküle zur Verfügung stellen, die „langlebig" bleiben und erst nach der Besamung der Eizelle für die Translation „abgelesen" werden. Für Amphibien wie auch für Seeigel wurde nämlich festgestellt, daß die ersten Entwicklungsschritte, d. h. Furchung und Formwandel, bis zu Beginn der Gastrulation (Abb. 11, 16) ablaufen, ohne daß Gen-DNS in dieser Phase zum Einsatz kommt. Der Keim lebt von dem, was vorbereitend in der reifenden Eizelle geschehen ist. Zweitens kann direkt beobachtet werden, daß von bestimmten Stellen der Lampenbürstenchromosomen sich Teilstücke aus den Schleifen loslösen, die DNS-Gensubstanz enthalten. In diesen Teilchen wird r-RNS synthetisiert. Diese Molekülart ist unentbehrlich für die Bildung der Nukleolen und der Ribosomen. Tatsächlich sieht man im Lampenbürstenstadium, wie vor allem an der Kernperipherie zahlreiche Nukleolen auftreten (Abb. 8a). Bei Molchen sind es einige hundert, im Kern der Eizelle des Krallenfrosches gar mehr als tausend. Mit dieser reichen Aussteuer tritt die Eizelle, nachdem sich die Lampenbürstenschleifen zurückgebildet haben, in die Phase der Befruchtung und der Frühentwicklung ein.

Wir wollen jetzt an zwei Beispielen vorführen, wie im Lampenbürstenstadium lebenswichtige Genwirkungen ablaufen, welche die ersten Lebensleistungen einer neuen Generation sichern.

Beim Krallenfrosch *Xenopus laevis* wurde als „Mutationsgeschenk" in Oxford ein *Erbfaktor* entdeckt, der dazu führt, daß *kein Nukleolus* gebildet werden kann. Dieser Faktor wird nach dem üblichen Schema eines Mendel-Gens vererbt; ihm sei das Symbol *onu* (ohne Nukleolus) zugeordnet. Für den nichtmutierten, normalen Genzustand verwenden wir das Symbol $+$. In der Abb. 9a wird zunächst gezeigt, daß aus der Paarung zweier für *onu* gemischterbiger, d. h. heterozygoter Eltern mit einer Wahrscheinlichkeit (p) von $^1/_4$ reinerbige, d. h. homozygote *onu/onu*-Individuen, mit einem p von $^1/_2$ heterozygote Kinder (*onu/*$+$) und mit einem p von $^1/_4$ homozygot normale Nachkommen ($+/+$) hervorgehen. Die *onu/onu*-Klasse kann keinen Nukleolus aufbauen (Abb. 9b); bei den heterozygoten Erbträgern entsteht nur ein Kernkörperchen (Abb. 9c), und nur die homozygot Normalen bilden zwei Nukleolen (Abb. 9d). In den Abb. 9e—g wird gezeigt, daß die Fähigkeit zur Nukleolus-Synthese von einer bestimmten Chromosomenstelle ausgeht. In einem der 18 Chromosomenpaare des Krallenfrosches ist diese Stelle im Normalzustand als deutliche Einschnürung sichtbar. Bei der *onu*-Mutante ist diese organisierende Region verlorengegangen.

Nun sind *onu/onu*-Individuen zunächst lebensfähig. Sie durchlaufen die Frühentwicklung und erreichen auch das in Abb. 9h dargestellte, aber doch deutlich gehemmte Larvenstadium. Die Augen sind regelmäßig zu klein, der Darm kaum entwickelt und der Schwanz abgebogen. Auf dieser Entwicklungsstufe sterben sie ausnahmslos. Ihre anfängliche Entwicklungsleistung ist offenbar nur deshalb möglich, weil die Eizelle in heterozygoten Müttern herangereift ist, die noch *einen* Nukleolusorganisator zur Verfügung hatte. So kann im Lampenbürstenstadium der *onu/*$+$-Weibchen ein Vorrat von r-RNS und von Nukleolen (wie in Abb. 8a) angereichert werden, mit denen die haploiden *onu*- wie die $+$-Eier versorgt werden. Und dieser Vorrat reicht bis zum Larvenstadium aus. Erst dann muß sich beim *onu/onu*-Kind der Ausfall der Nukleolus-Bildungsstelle als ein Letalfaktor auswirken. Die Geschwister der letalen Larven entwickeln sich normal (Abb. 9i),

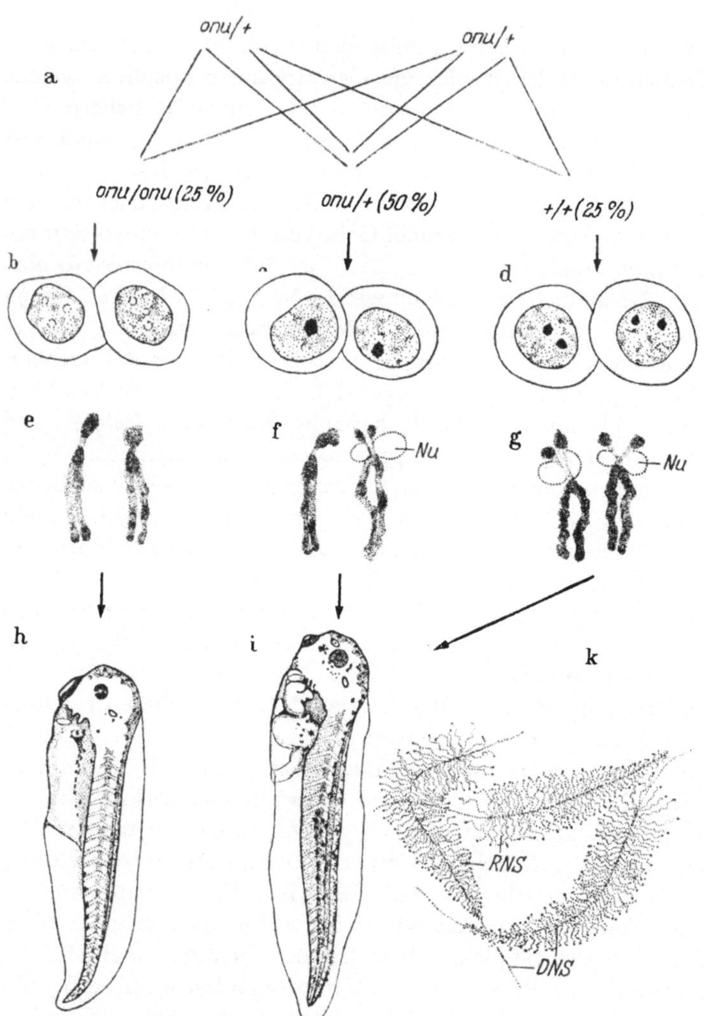

Abb. 9. Bedeutung eines bestimmten Chromosomabschnittes als Nukleolus-Organisator beim Krallenfrosch *Xenopus laevis*. a Mendelsche Aufspaltung unter den Nachkommen eines für den Erbfaktor *onu* (ohne Nukleolus) heterozygoten Elternpaares; Zellen ohne Nukleolus (b) mit einem (c) oder mit zwei Nukleolen (d). e—g Mikroskopisches Aussehen des für die Nukleolusbildung (*Nu*) verantwortlichen Chromosomenpaares. h Nukleoluslose Larve vor dem Absterben. i Gleichalte normale Kontrollarve. k Drei ribosomale Gene, die sich im Lampenbürstenstadium vom Nukleolusorganisator abgelöst haben. An ihrem DNS-Strang wird RNS codiert. (b—i nach M. Fischberg und Mitarbeiter, teils unveröffentlicht, k nach O. L. Miller und B. R. Beatty)

gleichgültig ob sie nun ein oder zwei Nukleolus-Organisatoren mitbekommen.

Es ist verständlich, daß die Molekularbiologen die Möglichkeiten, die ihnen die Entdeckung einer für die Nukleolusbildung verantwortlichen Chromosomenstelle bietet, eifrig nutzen. Zunächst wurde festgestellt, daß an der Synthese der r-RNS nicht nur *ein* Gen beteiligt ist. Für *Xenopus* und für Molche, wie auch für die Taufliege *Drosophila* ist vielmehr nachgewiesen, daß viele hundert DNS-Gene alle dieselbe Aufgabe erfüllen, indem sie ihre gleichartige Information auf r-RNS-Moleküle „überschreiben", die in sehr großer Zahl der Zelle zur Verfügung gestellt werden. Offenbar ist der Bedarf an dieser Verbindung für die stetige Erneuerung der ungezählten Millionen von Ribosomen so groß, daß das Fabrikationsgeschäft nicht nur von einem Gen bewältigt werden kann. Kürzlich ist es amerikanischen Forschern gelungen, r-RNS codierende Gene in reifenden Eizellen zu sehen und zu photographieren (Abb. 9k). Die Aufnahmen, die wir dem Elektronenmikroskop verdanken, zeigen, wie von gleichmäßig abgegrenzten Bereichen eines langen DNS-Fadens feinste seitliche Stränge abgehen. Diese „Auswüchse" sind nichts anderes als Vorläufer von r-RNS-Molekülen: Jeder DNS-Abschnitt stellt ein *ribosomales Gen* dar, das sich in der reifenden Eizelle vom chromosomalen Nukleolus-Organisator losgelöst hat. Da die Länge der RNS-Fäden von einem Ende des Gens zum andern zunimmt, dürfen wir annehmen, daß die Transkription von DNS zu RNS längs des Gens fortschreitet.

Die in Abb. 9k dargestellten Gene kommen je in großer Zahl in all den vielen Nukleolen vor, die im Lampenbürstenstadium gebildet werden (Abb. 8a). In späteren Entwicklungsphasen lösen sich die ribosomalen Gene nicht mehr von der organisierenden Chromosomenstelle. Sie sitzen in der in der Abb. 9f und g sichtbaren Einschnürung und wirken an Ort und Stelle. Es sind hier bei *Xenopus* rund 800 gleiche Funktionseinheiten nebeneinander, d. h. längs des DNS-Fadens der Einschnürung aufgereiht; sie alle codieren ribosomale RNS.

Der zweite Erbfaktor, der über die Bedeutung des Lampenbürstenstadiums Auskunft gibt, wurde beim Axolotl (*Ambystoma mexicanum*) entdeckt. In einer Laborsippe dieses „Haustieres" traten Larven auf, die etwas langsamer wachsen als ihre Geschwister; außerdem haben sie kürzere Kiemen, und — was besonders bedeutungsvoll ist — nach Amputation eines Beinteiles regenerieren sie das fehlende Stück höchst unvollkommen (Abb. 10b). Der normale Axolotl verfügt dagegen über ein sehr gutes Regenerationsvermögen (Abb. 10c).

Mit Kreuzungsexperimenten (Abb. 10a) konnte dann bewiesen werden, daß die schlecht regenerierten Tiere homozygot sind für einen Erbfaktor o. Das Gensymbol o weist auf ein weiteres Erbmerkmal hin, das — wie wir gleich sehen werden — sich in den Ovarien (Eierstöcken) der o/o-Homozygoten auswirkt.

Wird ein o/o-Weibchen mit einem $+/+$-Männchen gepaart (Abb. 10b, c), so entwickeln sich die $o/+$-Keime nur bis zur frühen Gastrula (Abb. 10f). Auf diesem Stadium sterben sie alle ab. Für den Frühtod kann aber nicht der Erbtyp des befruchteten Eies verantwortlich sein, sondern entscheidend ist der Genbestand der o/o-Mutter. Dies schließen wir aus der Tatsache, daß aus einer Paarung zwischen zwei heterozygoten Eltern (Abb. 10a und 10d, e) mit einer Wahrscheinlichkeit von 25 % ja auch o/o-Kinder hervorgehen. Diese Nachkommen entwickeln sich aber zu lebensfähigen Larven, die lediglich in bezug auf Regenerationsleistungen und Keimzellentwicklung beeinträchtigt sind (Abb. 10b). Allerdings werden von diesen Erbtypen nur die Weibchen fruchtbar. Die Männchen versagen bei der Geschlechtsreife: sie liefern keine befruchtungsfähigen Spermien.

Zusammenfassend stellen wir soweit fest: ein befruchtetes o/o-Ei ist nur dann entwicklungsfähig, wenn es von einer $o/+$-Mutter stammt; es ist dagegen zum Frühtod verurteilt, falls es in einem o/o-Weibchen herangereift ist. Nun wurde geprüft, ob über die Entwicklungsleistung der Eizelle der Eierstock allein entscheidet oder ob etwa ein defekter Stoffwechsel im übrigen mütterlichen Organismus maßgebend sein kann. Junge $+/+$-Ovarien wurden in o/o-Wirte implantiert. Sie liefern völlig normale Eier, und umgekehrt kann ein o/o-Ovar als Implantat in einem $+/+$-Wirt nicht geheilt werden. Die Entscheidung über Leben oder Tod erfolgt offensichtlich direkt und autonom in der Eizelle oder im Eierstock. Worin unterscheidet sich eine o/o- von einer $o/+$- oder $+/+$-Eizelle? Ein elegantes Experiment hilft hier weiter. Im Lampen-

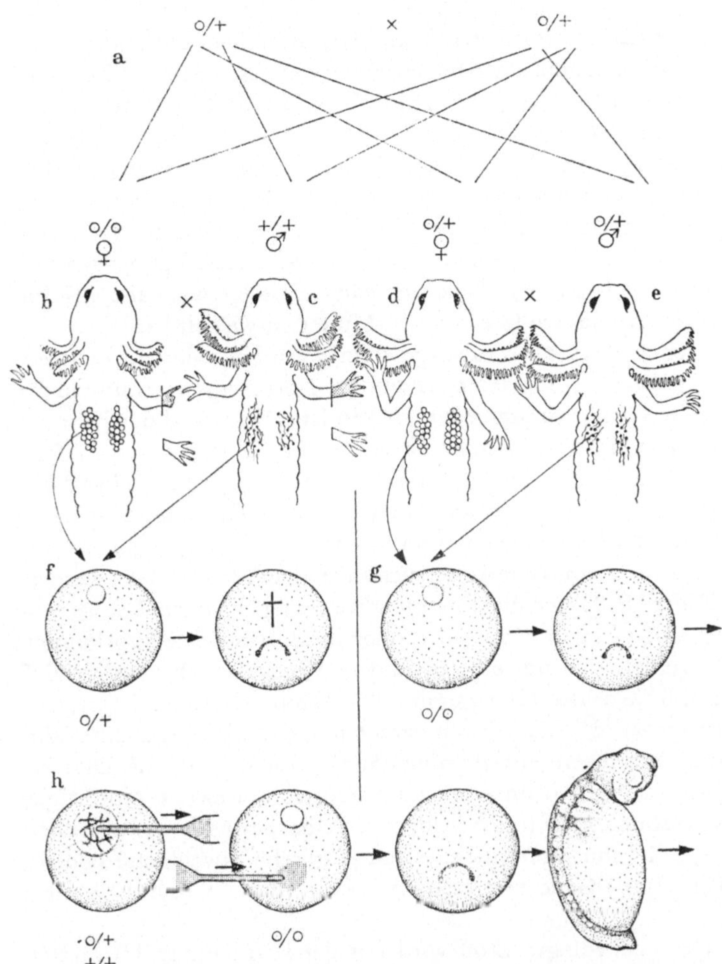

Abb. 10. Der Erbfaktor *o* (Ovarien defekt) beim Axolotl (*Ambystoma punctatum*). a Kreuzung zwischen zwei für *o* heterozygoten Eltern und Aufspaltung in der Nachkommenschaft. b × c Ein homozygotes *o/o*-Weibchen gepaart mit einem +/+-Männchen liefert *o/+*-Eier (f), die sich nur bis zur Frühgastrula entwickeln (Tod †). d × e Kreuzung zwischen Heterozygoten liefert 25% homozygote *o/o*-Nachkommen (g), die sich normal entwickeln. h Entnahme von „normalem" Kernsaft aus Lampenbürstenstadium und Injektion in *o/o*-Eier (aus *o/o*-Müttern) bewirkt normale Weiterentwicklung (Pfeile), Vergleich von b mit c zeigt den Unterschied im Regenerationsvermögen, Regenerat punktiert. (nach R. R. Humphrey und R. Briggs u. J. T. Justus)

bürstenstadium wird der Kern (Keimbläschen) einer $o/+$- oder $+/+$-Eizelle mit einer feinen Pipette angestochen, und es wird Kernsaft abgesogen (Abb. 10h). Diese Stoffprobe spritzt man den zum Tode verurteilten o/o-Eiern ein. Das Ergebnis ist höchst bedeutungsvoll. Der Kernsaft übt eine heilende Wirkung aus. Die kritische Absterbephase wird überwunden. Viele Keime entwickeln sich weiter; sie bewältigen die Gastrulation, werden zu Neurulae, und einige sind auch fähig, die ganze Larvenentwicklung zu durchlaufen. Sie leisten damit dasselbe wie ein o/o-Keim, dessen Eizelle sich in einer $o/+$-Mutter entwickelt hat.

Der Heilfaktor kann auch gewonnen werden, wenn das Lampenbürstenstadium abgelaufen ist und die Kernmembran während der Reifeteilungen zusammengebrochen ist. Dann wird der Kernsaft mit dem übrigen Zellplasma vermischt. Ja selbst in den Furchungsstadien und in den Blastulazellen findet sich noch in schwacher Konzentration der lebensrettende Stoff. Extrakte aus späteren Stadien bleiben dagegen wirkungslos.

Aus biochemischen Untersuchungen kann geschlossen werden, daß der Heilfaktor nicht in irgendwelchen geformten Zellorganellen, also nicht in Ribosomen oder in Mitochondrien vorkommt. Es handelt sich um eine besondere Molekülart, die weder DNS noch RNS sein kann, was mit nukleinsäureverdauenden Enzymen gezeigt wurde. Alles deutet darauf hin, daß die festgestellte Wirkung von einem eiweißartigen Stoff (Protein) ausgeht. Dies bedeutet wohl, daß im Lampenbürstenstadium das $+$-Normalgen aktiv ist und seine Informationen auf eine spezifische m-RNS überträgt, die nun ihrerseits eine genspezifische Eiweißkette codiert. Wenn nur o-Gene vertreten sind, kann diese Stoffsynthese nicht ablaufen.

Der genbedingte Stoff wird vor der Befruchtung im mütterlichen Organismus vorbereitend gebildet; doch kommt er erst zur Zeit der Gastrulation zum Einsatz. Ein durch ein Spermium eingeführtes Normalgen ($+$) kann die Heilsubstanz nicht nachliefern. Damit haben wir ein schönes Beispiel für eine Genwirkung kennengelernt, die als *mütterlicher Effekt* oder als *Prädetermination* (vgl. S. 23) bezeichnet wird, indem über Eigenschaften der künftigen Generationen in der Eizelle schon vor deren Besamung entschieden wird.

Die *o*-Mutante bringt aber noch eine weitere Einsicht von allgemeiner Bedeutung. Offensichtlich sind bestimmte Gene nicht dauernd im Einsatz. Ihre Aktivität kann zeitlich, d. h. phasenspezifisch eingeschränkt sein. Das +-Gen unseres Axolotl-Falles ist sicher im Lampenbürstenstadium erstmals tätig. Es bleibt stumm in der Frühentwicklung nach der Besamung, kommt aber später im Larvenleben erneut zum Einsatz. Dies zeigen deutlich die Minderleistungen der älteren *o/o*-Larven (Abb. 10b), die sich ja von *o*/+- oder +/+-Larven unterscheiden (Abb. 10c—d).

Rein mütterliche Erbeinflüsse auf die Entwicklung sind für verschiedenartige Gene bei verschiedensten Lebewesen nachgewiesen. Sie lehren uns, daß das Schicksal der neuen Generationen nicht erst mit der Befruchtung festgelegt wird. Immerhin erscheint die mütterliche Prädetermination auf eine relativ kleine Kategorie von Genen beschränkt. Für die Mehrzahl der Erbfaktoren ist der vom Spermium gelieferte Beitrag der mütterlichen Aussteuer gleichwertig. In der reifenden Eizelle sind vor allem Gene tätig, welche Stoffe codieren, die — wie bei der *o*-Mutante — in der Frühentwicklung bis zur Gastrulation benötigt werden. Dies ist eine Phase, die vom Vorrat lebt; es werden, wie später nochmals zu zeigen ist (S. 43), keine Gene abgelesen; die Transkription ist eingestellt. Erst mit der Gastrulation setzt erneut Transkription ein. Neue Sorten von m-RNS werden gebildet, und Populationen neuer Proteine — vor allem Enzyme — werden codiert. Jetzt erst sind nun mütterliche und väterliche Gene gleichmäßig im Einsatz.

Vom Einzeller zum Vielzeller

Jeder vielzellige Organismus beginnt sein Leben als Einzeller; denn am Anfang steht die eine befruchtete Eizelle. In ihrem Kern sind alle mütterlichen und väterlichen Gene vereinigt, und ihr Plasmaleib enthält alle spezifischen Bau- und Vorratsstoffe. So ist in dieser Eizelle alles vorhanden, was für die Bestimmung von Richtung und Schicksal der individuellen Entwicklung wesentlich ist. Später besteht das Individuum aus unvorstellbar vielen Zellen. Für den Menschen kommt man schätzungsweise auf eine Zahl mit fünfzehn Nullen. Wie geht aus der ersten Zelle dieser „Vielzeller" hervor? Wie wird dabei die Erbsubstanz verteilt, und warum wird die eine Zelle zur Nervenzelle, eine andere zur Drüsenzelle?

Betrachten wir zuerst, was sich äußerlich ereignet (Abb. 11). Rund fünf Stunden nach der Besamung wird am animalen Pol des Molcheies eine „*Furche*" sichtbar, die sich vertieft und — nach beiden Seiten hin sich ausdehnend — rasch den Äquator und schließlich den vegetativen Pol erreicht (b). In diesem nun zweigeteilten Ei erscheint ein bis zwei Stunden später eine zweite Furche. Sie steht senkrecht zur ersten Teilungsebene (c) und führt zu einem Stadium mit vier gleich großen Furchungszellen („Blastomeren"). Die dritte Furche verläuft nicht mehr wie ein Meridian von Pol zu Pol, sondern sie folgt einem Breitenkreis, der etwas animalwärts vom Äquator steht. So wird ein Achtzell-Stadium mit vier kleineren animalen und vier großen vegetativen Blastomeren erreicht (d). Die weiteren Furchungsschritte teilen die Masse der Eizelle mehr und mehr auf. Rund 15 Stunden nach der Besamung gleicht der Keim einer Beere des Maulbeerbaumes (*Morus*), und daher nennt der Embryologe dieses Stadium eine „*Morula*" (Abb. 11e). Am zweiten Tage nach der Besamung sind nach 13—14 Teilungsschritten bereits 8000—16000 nun mikroskopisch kleine Zellen abgetrennt. Damit kommen die Furchungsteilungen zum Abschluß, und als ihr Ergebnis ist jetzt ein Keimstadium erreicht, das als „*Blastula*" bezeichnet wird (g). Im Verlaufe der Furchung weichen die Zellen so auseinander, daß im Inneren der Blastula schließlich ein gut abgegrenzter Hohlraum, das Blastocoel entsteht (Abb. 11f und h). Dabei wird das dünne Dach dieser Furchungshöhle von den kleinen animalen Zellen und der dicke Boden von den großen, dotterreichen vegetativen Zellen gebildet.

Jeder Furchungsschritt wird durch eine Zweiteilung des Kernes eingeleitet. Dabei sorgt ein bei den verschiedensten Lebewesen nach gleichen Vorschriften ablaufender Mechanismus für eine gleichwertige Verteilung der Erbsubstanz. Dies bedeutet beim Molchei, daß die 12 mütterlichen und 12 väterlichen Chromosomen, welche die Befruchtung zum Zellkern des neuen Individuums zusammengefügt hat, vor jeder Zellteilung zunächst aufs

exakteste verdoppelt werden. Nun stehen 24 Tochterpaare zur
Verfügung. Sie ordnen sich so in den Teilungsapparat ein, daß
jedem der Tochterkerne wiederum 24 einfache Chromosomen
zugeteilt werden können. Und dieser diploide Satz enthält wie der
Anfangskern je 12 mütterliche und 12 väterliche Chromosomen.
Dieser Vorgang wiederholt sich bei jeder weiteren Kern- und

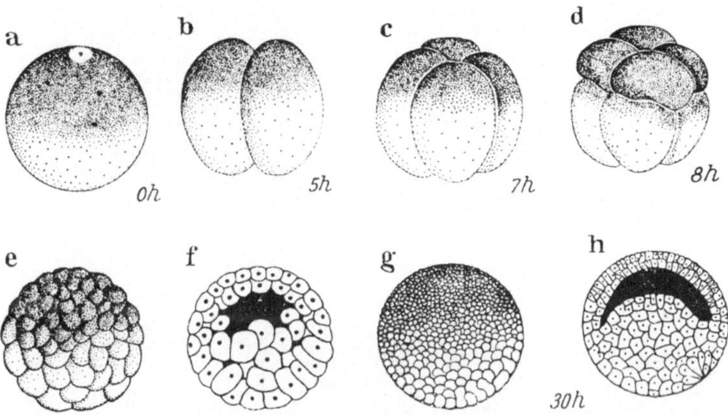

Abb. 11a—h. Furchungsverlauf im Ei des Alpenmolches *(Triturus alpestris)*.
Die Zeiten in Stunden (*h*) gelten für eine Temperatur von 18°C. a Das ungefurchte Ei (vgl. Abb. 4). b—d Vom Zweizell- zum Achtzellstadium. e Morula
von außen. f Morula im Schnitt zeigt die sich bildende Furchungshöhle
(Blastocoel = schwarz). g Blastula von außen. h Blastula in Schnittansicht

Zellteilung. So entsteht ein vielzelliger Organismus mit Millionen
von Zellen, und jede von ihnen wird mit der gesamten elterlichen
Erbsubstanz ausgerüstet.

Sind diese Tochterkerne aber auch wirklich alle gleich- und
vollwertig? Könnte jeder von ihnen zum Beispiel die Rolle übernehmen, die dem Zellkern des noch ungefurchten Eies zukommt?
Hans Spemann erfand ein Experiment, das auf diese wichtige
Frage eingeht. Er schnürte befruchtete Molcheier, die noch im
Ein-Zellstadium standen, hantelförmig ein (Abb. 12). Dabei wird
der diploide Kern der einen Schnürhälfte zugeteilt, und sie allein
beginnt (falls die andere Hälfte keinen Nebenspermakern enthält)
mit der Furchung (a, rechts). Wenn in diesem Teil die Entwicklung
bis zum Acht- oder Sechzehn-Zellstadium fortgeschritten ist (b),

37

mag einer der Furchungskerne in die ungefurchte Hälfte ausweichen. Jetzt kann man die Schlinge so durchziehen, daß nun beide Eihälften völlig getrennt sind. In dem bereits gefurchten Teil geht die Entwicklung normal weiter und führt hier im günstigen Falle zu einer vollständigen und normal lebensfähigen Larve (c, rechts).

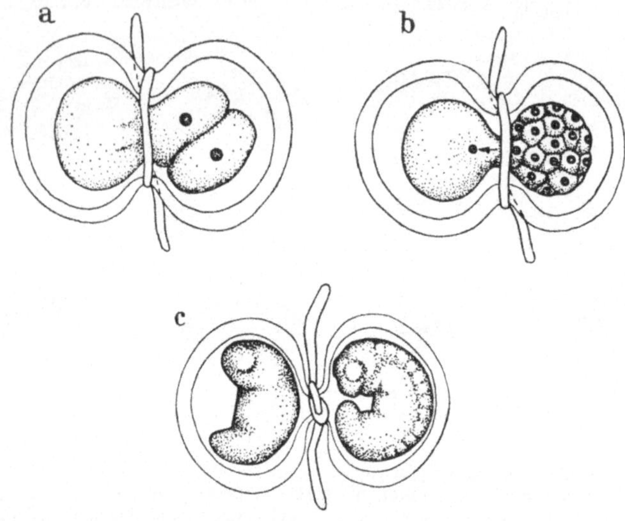

Abb. 12a—c. Verzögerte Kernversorgung bei einem hantelförmigen eingeschnürten Molchei. a Zweizellstadium. b Fortgeschrittenes Furchungsstadium läßt einen Kern (Pfeil) in die ungefurchte Hälfte übertreten. c Zwillingspaar: beide Partner normal, der verzögert versorgte ist lediglich leicht zurück in der Entwicklung (nach H. Spemann)

Aber auch die mit dem „älteren" Furchungskern verspätet versorgte Eihälfte beginnt sich zu teilen. Auch aus ihr kann sich eine vollständige Normallarve entwickeln (c, links). Der in unserer Abbildung noch sichtbare leichte Rückstand im Entwicklungsstadium spielt später keine Rolle mehr.

Hier stehen wir vor einer bedeutungsvollen Leistung, die uns erlaubt, über die Richtigkeit einer berühmten Hypothese zu entscheiden, die August Weismann vertreten hat. Dieser große Theoretiker lehrte 1892, daß nur im ersten Zellkern alle Erbfaktoren oder Bestimmungsstücke („Determinanten") vereinigt wären. Mit den Furchungsteilungen würde eine regelrechte „Erbteilung" einsetzen; die Tochterkerne bekämen nur eine Auswahl von dem, was der Mutterkern noch besessen hat. So würde etwa die erste Kernteilung dem einen Tochterkern nur die Erbfaktoren für die linke, dem anderen für die rechte Körperhälfte zuteilen. Jede folgende Teilung brächte weitere Einschränkungen im Determinantenbestand. So müßten schließlich auch Zellen entstehen, deren Kern nur noch Gene für Muskulatur oder für bestimmte Sinneszellen enthielte. Damit schien eine elegante Erklärung für die Differenzierung der verschiedenen Körperteile und der mannigfach spezialisierten Zellen gegeben.

Nun beweist aber das Spemannsche Schnürungsexperiment, daß die Furchungskerne mindestens bis zur Sechzehn-Zellgeneration noch gleichwertig (äquivalent) sind und überdies auch noch über alle Determinanten verfügen. Die verspätet versorgte Hälfte zeigt keine Defekte, und mit ihrer Vollständigkeit spricht sie gegen die Weismannsche Lehre.

Nun möchten wir aber doch wissen, ob auch Kerne aus späteren Stadien noch befähigt sind, eine Vollentwicklung zu meistern. In neuerer Zeit wurde ein Verfahren entwickelt, das über diese Frage Auskunft gibt (Abb. 13).

Ein unbesamtes Froschei wird zunächst angestochen (a). Dieser Reiz ist nötig, um das Ei für die weitere Entwicklung zu aktivieren. Dann wird der Kern der Eizelle herausgestochen und entfernt (b). Einem fortgeschrittenen Entwicklungsstadium, z. B. einer späteren Gastrula (c), entnimmt der Experimentator sodann eine Gruppe von Zellen. In unserer Abb. 13 sind es Entodermzellen des Urdarmbodens (S. 40, Abb. 16). Jetzt wird eine einzige dieser Zellen in eine feine Mikropipette eingesogen. Dabei wird ihr Plasmaleib aufgebrochen und zum Teil vom Kern abgestreift (d). Der zu prüfende Zellkern kann nun in die entkernte Eizelle injiziert werden (e). Erstaunlicherweise beginnt sich das so mit einem „alten" Zellkern versorgte junge Eiplasma zu furchen, und die Weiterentwicklung kann zu einer völlig normalen und weit fortgeschrittenen Froschlarve führen (f).

Somit sind Zellkerne, die das „Erlebnis" der Frühentwicklung hinter sich haben, befähigt, „nochmals von vorne anzufangen". Dies kann nur bedeuten, daß im älteren Embryonalkern noch alle Entwicklungspotenzen enthalten sind. Eine erbungleiche Teilung ist also nicht erfolgt, und offenbar hat sich der Zellkern auch noch nicht auf bestimmte Aufgaben spezialisiert. Neben solch günstigen Leistungen gibt es aber auch Embryonen, die es mit dem alten Kern nicht weit bringen, und diese Versager haben wir auch ernst zu nehmen.

Wir wollen dies an einer weiteren Versuchsserie zeigen. Diesmal wird mit dem Krallenfrosch *(Xenopus laevis)* gearbeitet. Wir

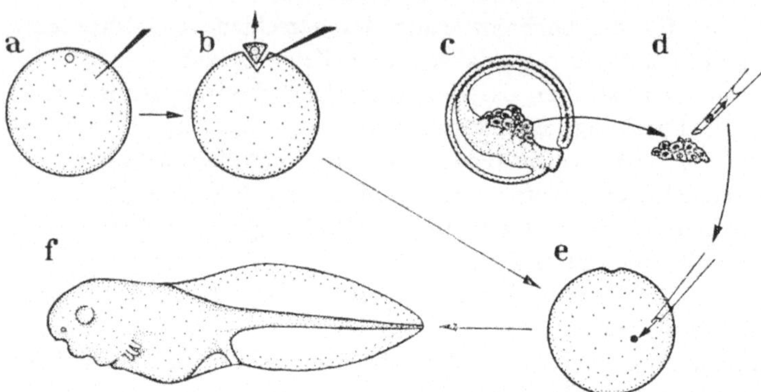

Abb. 13 a—f. Versorgung entkernter Froscheier mit Kernen aus fortgeschrittenen Entwicklungsstadien. a Aktivieren des Eies. b Entfernen des Eikerns. c Gastrula als Kernspender. d Aufsaugen eines Zellkerns. e Einführen des Kernes. f Junge Kaulquappe, entstanden aus dem Experimental-Ei (e) (frei nach R. Briggs und T. J. King)

sehen in Abb. 14, daß als Kernspender ein recht weit fortgeschrittenes Embryonalstadium dient *(SI)*. Es ist dies eine Neurula, d. h. ein Keim, bei dem bereits die Gehirn- und Rückenmarkswülste deutlich hervortreten (vgl. S. 50, Abb. 17). Diesem Spender wurden Kerne aus der Anlage der späteren Körpermuskulatur entnommen. Die mit je einem solch „alten" Kern versorgten ungefurchten Eizellen entwickelten sich sehr unterschiedlich *(GI)*. Zwei Keime blieben schon als Blastulae stehen. Aus acht weiteren Eiern entwickelten sich hoffnungslos verkrüppelte Embryonal- und Larvenstadien. In drei Fällen entstanden mehr oder weniger normale Larven, und bei zwei Eiern ermöglichte der implantierte Neurulakern gar eine harmonische Vollentwicklung bis zum metamorphosierten Fröschchen.

Daß die dem Spender (*SI*) entnommenen Kerne tatsächlich über sehr verschieden weit reichende Entwicklungspotenzen verfügen, geht aus einem Parallelexperiment hervor. Aus der Geschwisterschaft der *GI* wurden zwei Keime im Blastulastadium ausgeschieden, d. h. zu einer Zeit, da sie noch nicht in eine allfällige Entwicklungskrise eingetreten waren (*SIIa* und *SIIb*). Diese Keime dienten nun ihrerseits als Kernspender II. Ordnung. Von den 12 Nachkommen, die sich mit Kernen von *SIIa* entwickeln mußten, blieben mit einer Ausnahme alle auf dem Blastulastadium stehen (*GIIa*). Dagegen zeigen die Eier, die mit Kernen von *SIIb* versorgt wurden, ähnlich unterschiedliche Entwicklungsleistungen (*GIIb*) wie die Geschwisterschaft der ersten Transplantations-Generation *GI*.

Offensichtlich erscheinen die Embryonalkerne der Neurula keineswegs mehr alle gleich- und vollwertig.

Es fragt sich, worauf das Versagen so vieler transplantierter Kerne beruhen könnte. Genauere Untersuchungen zeigten, daß in vielen Fällen mit einer Schädigung des Kernes durch die Transplantationstechnik zu rechnen ist. Dies äußert sich später, wenn sich die Kerne teilen, im Auftreten von Chromosomenbrüchen und in fehlerhafter Verteilung der Chromosomenindividuen bei der Zellteilung. Von Kernen mit derartig defekter Erbsubstanz darf keine Normalleistung erwartet werden. Neben solchen von außen gesetzten Schäden mag es aber auch echte Potenzbeschränkungen geben, indem in bestimmten sich differenzierenden Keimbereichen die Kerne tatsächlich so verändert werden, daß sie den „Weg zurück" nicht mehr finden. Doch sei nochmals auf die positiven Leistungen hingewiesen. In neuen Versuchen konnten Kerne des Krallenfrosches, die aus vollständig differenzierten Darmzellen älterer Kaulquappen isoliert wurden, nach Transplantation die Entwicklung einer entkernten Eizelle über alle Stadien sichern. Es entstehen metamorphosierte und geschlechtsreife Frösche. Selbst transplantierte Kerne aus Kulturen von Hautzellen erwachsener Frösche sind fähig, im Eiplasma alle Aufgaben zu bewältigen, so daß sich normale Kaulquappen mit all ihren verschiedenartigen Zelltypen entwickeln können. Dabei waren die Vorfahren dieser Zellen spezialisiert, indem sie u. a. Hornsubstanz (Keratin) fabrizierten.

Der „alte" Kern paßt seine Funktionen dem frühembryonalen
Zustand seiner neuen plasmatischen Umgebung an. Seine Erbsubstanz bringt ein bereits einmal verwirklichtes Entwicklungs-
drama erneut zur Aufführung. Erstaunlicherweise reagieren sogar
Kerne aus Gehirnen erwachsener Frösche, die in das Plasma entkernter Eizellen verbracht wurden, auf die völlig andersartige

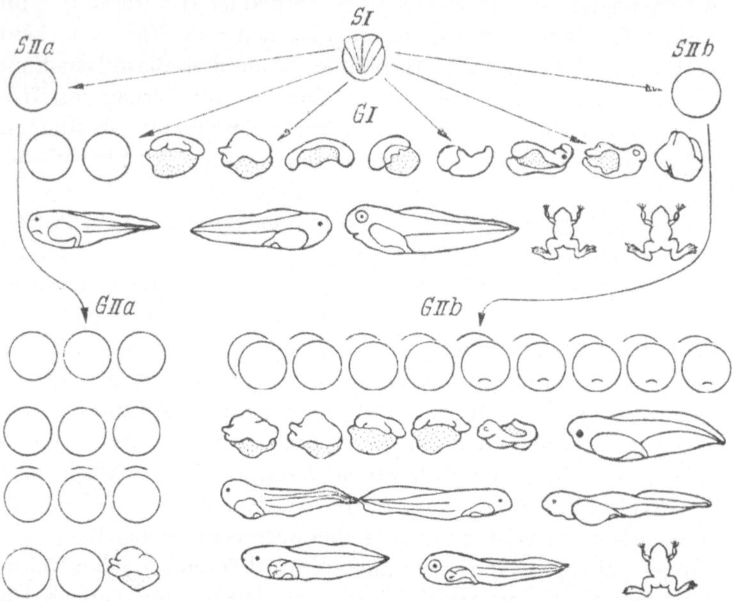

Abb. 14. Wiederholte Kerntransplantation in das Ei des Krallenfrosches
(*Xenopus laevis*). *SI* Spender der I. Kerngeneration. *GI* unterschiedliche Ent-
wicklungsleistungen mit Kernen aus *SI*. *SIIa* und *SIIb* Blastulae als Spender
II. Ordnung, entwickelt mit Kernen aus *SI*. *GIIa* und *GIIb* Leistungen mit
Kernen aus *SIIa* und *SIIb* (frei nach M. Fischberg, J. B. Gurdon und
T. R. Elsdale)

Umgebung. Sie schwellen an, und die Kerne fangen erneut an,
Erbsubstanz (DNS, S. 26) zu synthetisieren, wie dies für die früh-
embryonale Entwicklungsphase charakteristisch ist. So kann das
Eiplasma die Gene aus Zellen, wo sie nicht mehr aktiv waren,
wieder „anschalten". In einem anderen Experiment konnte gezeigt werden, daß auch die Gegenreaktion möglich ist: Gene, die
in einem Larvenspender tätig waren, werden durch das junge Zell-

plasma abgeschaltet. Sie codieren z. B. während der Furchungszeit keine ribosomale RNS (vgl. S. 35), während sie vorher mit der Produktion dieses Stoffes intensiv beschäftigt waren. Der Einfluß auf den Zellkern geht bei solchen Programmänderungen sehr wahrscheinlich von spezifischen Eiweißen des Plasmas der Eizelle aus.

Weitere Einsichten in solche Geheimnisse der Entwicklung und Differenzierung sind nur von neuen Experimenten zu erwarten. Jedenfalls darf man annehmen, daß eine ungleiche Verteilung der Erbsubstanz nicht daran schuld sein kann, daß die Zellen eines Organismus nach Form und Funktion so verschieden werden. Die entscheidenden Weichen, welche die Entwicklungsvorgänge in erbgleichen Zellen auf Geleise leiten, die zu unterschiedlichen Zielen laufen, werden nach allem, was wir wissen, durch *Unterschiede im Zellplasma* gestellt. Ein Zellkern, der in animales Plasma gerät, wo relativ wenig Dotter liegt, findet für seine Erbfaktoren ein anderes Wirkungsfeld als sein Partner, der von dotterreichem vegetativem Material umgeben wird. Oder Plasmabezirke können sich im Bestand an Zellfermenten unterscheiden, was wiederum für die Aktivität der Gene entscheidend sein kann. Ein einmal gesetzter Unterschied, auch wenn er noch so geringfügig erscheint, kann zur Voraussetzung für weitere und größere Differenzen werden. Dabei darf man annehmen, daß die Gene der Zellkerne das unterschiedliche Plasma, in das sie zu liegen kommen, zunehmend noch unterschiedlicher machen. Ein solches, sich selbst verkomplizierendes Geschehen wird schließlich hier zur Muskelzelle und dort zur Nervenzelle führen.

Jetzt erscheint auch Wesen und Bedeutung der Furchungsvorgänge deutlicher. Der große Plasmaleib der Eizelle wird in Tausende von Portionen aufgeteilt, und damit werden den Zellkernen größere und kleinere, dotterreichere und -ärmere, äußere und innere Plasmabereiche zugeordnet. In solchen abgegrenzten Wirkungsbereichen kann die Entwicklung die verschiedenartigsten Wege beschreiten, indem aus dem überall vorhandenen Gesamtinventar der Gene je verschiedene Sortimente von Erbfaktoren zum Einsatz kommen. Und so wird es möglich, einen Organismus mit mannigfaltig differenzierten Zellsystemen aufzubauen.

Die Gestaltungsbewegungen

Wenn man ein befruchtetes Hühnerei nach dem ersten Bebrütungstage öffnet, so findet man auf der Dotterkugel eine flache „Keimscheibe" ausgebreitet. Die feinere Untersuchung zeigt dann, daß diese Embryonalanlage im wesentlichen aus drei blattartigen Schichten besteht. Aus dem oberflächlichen Blatt, dem *Ektoderm*, gehen später Oberhaut und Nervensystem hervor. Darunter liegt als Mittelblatt das *Mesoderm*. Seine Zellen liefern Skelett, Muskulatur, Kreislauforgane und Nieren. Das innerste Blatt wird als *Entoderm* bezeichnet. Ihm kommt die Aufgabe zu, die Anlage des Darmkanals, der Leber, der Lunge und weiterer innerer Organe zu bilden.

Diese drei „*Keimblätter*" lassen sich bei allen Wirbeltieren nachweisen. Ihre Bildung und schichtweise Anordnung ist überall das Ergebnis eines grundlegenden Gestaltungsvorganges, den wir nun am Beispiel des Molcheies genauer verfolgen wollen. Wie wir sahen, haben die Furchungsteilungen zur Bildung einer hohlkugeligen Blastula geführt (Abb. 11). Anschließend fangen nun — zu unserm Erstaunen — die Embryonalzellen der Blastula an, sich in bestimmten Richtungen zu bewegen. Da dabei der Keim seine kugelige Form im wesentlichen beibehält, ist es recht schwierig, diese Bewegungsvorgänge richtig zu verfolgen und zu verstehen. Nun hat aber der Anatom W. Vogt eine elegante Methode entwickelt, die erlaubt, den Wanderweg der Zellen direkt zu verfolgen. Die Keimoberfläche wird an bestimmten Stellen farbig tätowiert. Dazu benutzt man unschädliche „Vitalfarben", wie Nilblausulfat oder Neutralrot. Mit diesen Stoffen werden kleine Agarwürfelchen imprägniert. Agar ist eine gelatineartige Substanz, die man aus Meeresalgen gewinnt. Wenn nun solche Farbträger wie Stempelkissen der Keimoberfläche angepreßt werden, so diffundiert der Farbstoff rasch vom Agar her in die Zellen der Berührungsstellen hinein, und so kann man jede beliebige Stelle der Keimoberfläche kennzeichnen (Abb. 16). Die Farbflecken bleiben über Wochen hin erhalten, so daß sich die Bewegung und das Schicksal einer gefärbten Zellgruppe bis zu ihrer endgültigen Lage in einem ausdifferenzierten Organ verfolgen läßt. So wird man etwa feststellen, wo in der Blastula das Baumaterial der Augen

linsen, der Leber oder eines bestimmten Muskelsegmentes ge-
legen hat.

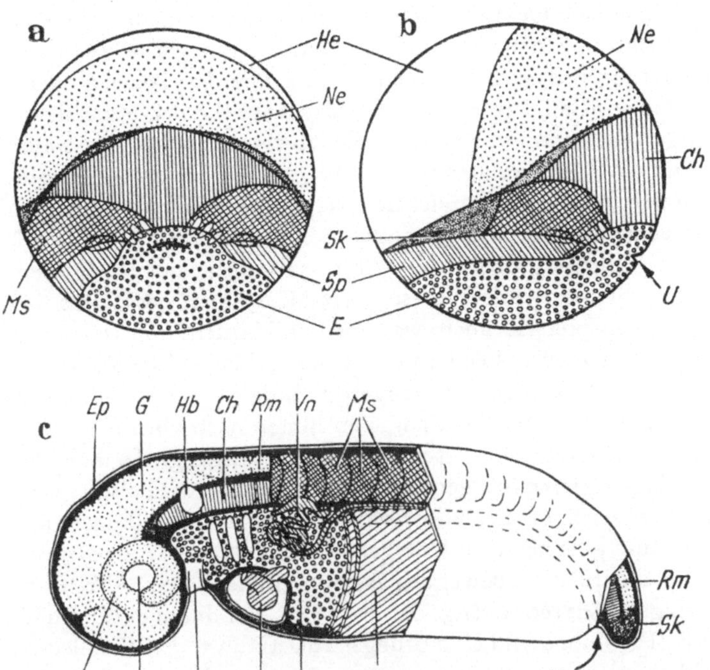

Abb. 15a—c. Lage der Organmaterialien im Anlageplan der Frühgastrula (a
und b) und im Embryonalkörper (c). a Mittelansicht von hinten, Urmundspalte
ventral. b und c Seitenansicht von links, Urmundstelle = U mit Pfeil. 1. Ektodermale Anlagen und Organe: *He* Hautektoderm (weiß) bildet Epidermis
(*Ep*), Linse (*L*), Hörblase (*Hb*) und Mundbucht (*Mb*). *Ne* Neuralektoderm
(punktiert) bildet Neuralrohr mit Gehirn (*G*), Rückenmark (*Rm*) und Augenbecher (*A*). 2. Mesodermale Anlagen und Organe: *Ch* Chorda (senkrecht
schraffiert), *Ms* Muskelsegmente (kreuzweise schraffiert), *Sp* Seitenplatten
(schräg schraffiert), *Vn* Vorniere, *H* Herz, *Sk* Schwanzknospe (dicht punktiert). 3. Entoderm (*E*, kleine Kreise) besetzt außen (in a und b) den vegetativen Bereich der Frühgastrula und bildet später (c) den Darm. Im Kopf-
darm die drei Kiemenspalten (weiß)

Auf Grund zahlreicher Markierungen konnte ein ausführlicher
„Anlageplan" ermittelt werden (Abb. 15). Er zeigt uns, wo vor
Beginn der Gestaltungsbewegungen (d. h. in der Frühgastrula)

die späteren Organmaterialien liegen. Als erstes wichtiges Ergebnis solcher Untersuchungen wurde klar, daß in der Blastula noch sämtliche Organbereiche und damit auch die drei späteren Keimblätter oberflächlich und nebeneinander liegen. Diese Farbmarkierungen haben aber auch gezeigt, wie das Darmentoderm ins Innere gelangt und wie die Anlagebereiche der Muskulatur, des Nervensystems und auch alle übrigen Organanlagen ihre definitiven Plätze in einem vielschichtigen Keim beziehen. Als erstes äußerlich sichtbares Anzeichen solcher Gestaltungsbewegungen tritt wenig unterhalb des Ei-Äquators eine leichte Einsenkung auf. Diese „Urmundgrube" (*U*) (Abb. 15b) dient uns zur Orientierung. Sie bezeichnet einerseits die Mittelebene des Tieres und sagt uns andererseits auch, was vorn und hinten, und was rechts und links sein wird. Die Urmundstelle wird bei Wirbeltieren zum späteren After- oder Kloakengebiet, indem — wie wir gleich sehen werden — von hier aus, von hinten nach vorn fortschreitend die Urdarmhöhle erscheint. Dieser Vorgang, der bei allen vielzelligen Tieren in irgendeiner Form abläuft, wird als „*Gastrulation*" bezeichnet. Er führt von der einfachen Hohlkugel (Blastula) zum geschichteten Hohlgefäß (Gastrula).

Die Gastrulationsbewegung ist nun an Hand von Abb. 16 zu verfolgen. Wir setzen längs des Meridians, der durch die Urmundstelle (Halbmond und *U* in Frühgastrula a) führt, drei Farbflecken (Abb. 16a: 1—3) und außerdem zwei weitere Flecken (4 und 5) auf dem Äquator eines senkrecht zum Urmundmeridian stehenden Längenkreises. Marke 1 steht am animalen und 3 am vegetativen Pol, während 2 direkt über der Urmundstelle liegt. Betrachten wir nun unseren tätowierten Keim sechs Stunden später (Abb. 16b). Die Form des Urmundes hat sich geändert. Seine Ränder umfassen jetzt das dotterreiche Material des vegetativen Poles (Marke 3). Die Marke 2 ist fast ganz ins Innere verschwunden, und auch die anderen gefärbten Stellen haben sich auf die Urmundränder zu bewegt. Ein Schnitt durch dieses Dotterpfropfstadium (Abb. 16b, rechts) zeigt uns, wie die ursprünglich oberflächlich liegenden Zellen ins Keiminnere gewandert sind. Dabei hat sich eine neue Höhle, der Urdarm (*Uh*) gebildet. Das Urdarmdach (*Ud*) besteht aus Zellen, die ursprünglich über der oberen Urmundlippe lagen (Marke 2). Der Boden des Urdarms wird dagegen vom vege-

46

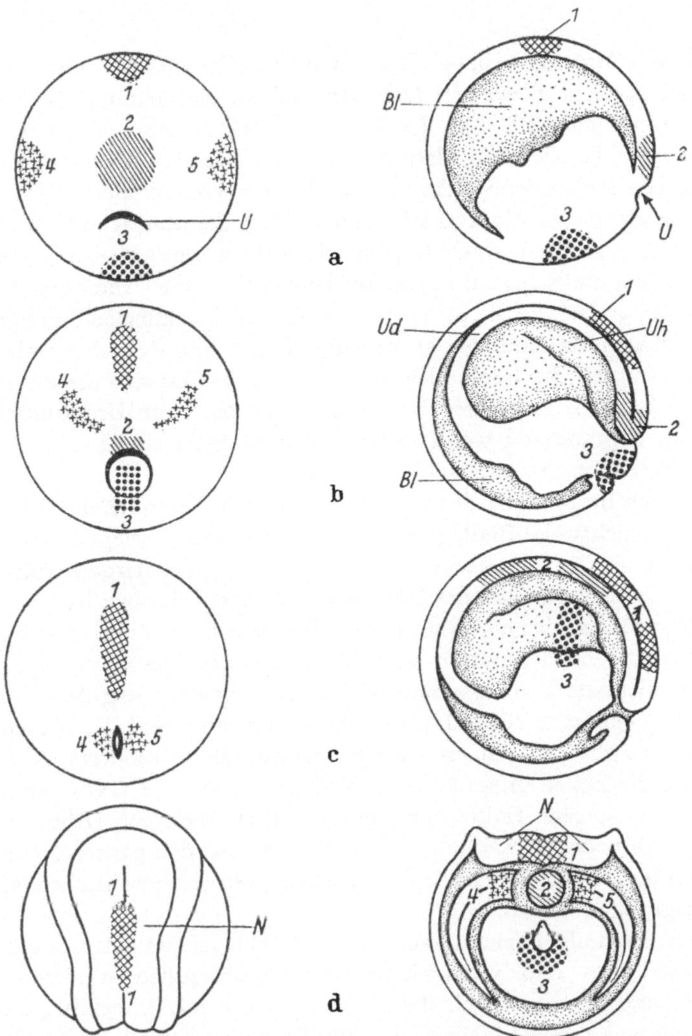

Abb. 16a—d. Analyse der Gastrulationsbewegungen mit Farbmarken nach der Methode von W. Vogt, links Außenansichten, rechts Schnittbilder. a Frühgastrula mit Urmundgrube (*U*) und großem Blastocoel (Anschluß an Abb. 8). b Mittlere Gastrula mit Dotterpfropf (3), Urdarmhöhle (*Uh*), Urdarmdach (*Ud*) und verdrängtem Blastocoel (*Bl*). c Endgastrula nach Abschluß der Invagination von Mesoderm und Entoderm. d Lage der Farbmarken in der Neurula; 1 in Neuralplatte (*N*), 2 in Chorda, 3 in Darmboden, 4 und 5 in den Muskelsegmenten

tativen Material gebildet. Das zu Beginn der Gastrulation noch umfangreiche Blastocoel (*Bl*) wird infolge Ausdehnung des Urdarmes buchstäblich an die Wand gedrückt. Nach weiteren acht Stunden ist die Gastrulation fast völlig beendet. Der Urmund ist jetzt schlitzförmig (Abb. 16c). Das gesamte Entoderm ist nun invaginiert. Die Marke 2 sitzt in dem Dach des künftigen Vorderdarmes. Außerdem sind auch die beiden seitlich markierten Areale 4 und 5 bis auf kleine Restbereiche um die Urmundränder eingewandert. Einzig die markierten Zellen des animalen Poles (1) bleiben noch sämtliche an der Oberfläche; ihr Bereich ist aber in Richtung des Urmundes längs ausgezogen. Da sich die Zellen oberflächlich gegen den Urmund zu und innen im Urdarmdach vom Urmundrand weg bewegen, kommt es zu einem richtigen „Contremarsch".

Nach Beendigung der Gastrulation haben die drei Keimblätter ihre schichtweise Endlage erreicht. Das Entoderm belegt als dicke Masse mit oben offener Rinne den Boden der Urdarmhöhle. Die seitlichen Flügel des Entoderms werden sich oben bald zum Darmrohr schließen (Abb. 16d). Über dem Entoderm lagert mit überhängenden Rändern als Urdarmdach das Mesoderm. Diese mesodermale Zellmasse wird sich kurz nach der Gastrulation in die Rückensaite (Chorda), die Muskelsegmente und die Nierenanlagen gliedern. Außen geblieben ist nur noch Ektoderm. Während die Zellen dieses äußeren Keimblattes vor der Gastrulation nur knapp eine Hälfte der Kugeloberfläche belegten (Abb. 15a und b), bedecken sie nun, in der Endgastrula, den ganzen Keim. Das Ektoderm mußte offenbar mächtig gestreckt und flächenhaft ausgezogen werden.

Es kann nicht die Aufgabe unseres Büchleins sein, alle weiteren Gestaltungs- und Entwicklungsvorgänge ordentlich zu beschreiben, und wir haben auch über die Gastrulation nur das erzählt, was nötig war zum Verstehen von grundlegenden Experimenten, die in einige große Geheimnisse des Entwicklungsgeschehens Einblick gewähren. Zur weiteren Vorbereitung dieser bald fälligen Besprechung muß aber noch kurz eine nach der Gastrulation im Ektoderm einsetzende Gestaltungsbewegung erläutert werden. Sie führt zur Aussonderung und Formung des Nervensystems aus der übrigen Ektodermmasse, welche die Hautbedeckung übernimmt. Diesen Vorgang bezeichnet der Fachmann als „*Neurula-tion*", und das Keimstadium, das auf die Gastrulation folgt, heißt entsprechend „Neurula". Eine mittlere Neurula ist bereits in Abb. 16d (links) im Anschluß an die Gastrulationsbewegung dargestellt. Wir erkennen die Gehirn- und Rückenmarksanlage als eine von Wülsten umgebene Neuralplatte, die auch das Material unserer Marke 1 einschließt. So finden wir auch im Querschnitt durch dieses Stadium (Abb. 16d, rechts) diese Marke mitten in der Neuralplatte (*N*). Unter dem Ektoderm liegt das eingewanderte Mesoderm des Urdarmdaches. Hier wurde in der Mitte die zylindrische Rückensaite (Chorda mit Marke 2) ausgesondert und von den seitlich liegenden Anlagen der Muskulatur abgegliedert (Marke 4 und 5). Die nach unten verwachsenden Ränder (Seitenplatten, *Sp* in Abb. 15) umfassen schließlich das Entoderm (3), in dem bereits die spätere Darmhöhle ausgespart ist.

Doch schauen wir uns jetzt die Bildung des Nervensystems genauer an. Nach Abschluß der Gastrulation wird auf der künftigen Oberseite des Keimes ein schuhsohlenförmiges Feld abgegrenzt, dessen Ränder stärker pigmentiert sind (a 1) (Abb. 17). Diese Ränder erheben sich bald zu wulstartigen Verdickungen (b 1). Für den Betrachter ist damit die Anlage des Zentralnervensystems deutlich sichtbar geworden. Die „Neuralwülste" (*Nw*) schließen eine „Neuralplatte" (*Np*) ein. Aus dem vorderen Teil dieser Platte wird das Gehirn (*G*), aus dem hinteren Teil das Rückenmark (*Rm*) entstehen. Die übrige Keimoberfläche ist von Hautektoderm (*He*) bedeckt.

Neurulation als Gestaltungsbewegung bedeutet Umformung der Neuralplatte zum Neuralrohr. Dies geschieht durch Zusammenrücken der Neuralwülste (Pfeile) und durch gleichzeitiges Auffalten der Platte (Abb. 17b). Schließlich kommen die beidseitigen Wülste zur Berührung, dann reißt das Neuralrohr vom Hautektoderm ab. Dieses verwächst über dem nun geschlossenen Neuralrohr, welches damit ins Keiminnere versenkt wird. Anschließend stellen wir fest, wie im Neuralrohr die fünf Hirnteile (Vorder-, Zwischen-, Mittel-, Klein-, Nachhirn) und das Rückenmark herausmodelliert werden (Anschwellungen in Abb. 17c1). Aus dem Zwischenhirnteil werden außerdem die Augenblasen ausgestülpt (Abb. 25). Die lichte Öffnung des embryonalen Neuralrohres bleibt zeitlebens in den Hirnhöhlen (Ventrikel) und im Zentralkanal des Rückenmarks erhalten.

Auf das besondere und interessante Verhalten und die Leistungen der Zellen der Neuralwülste werden wir später eingehen (S. 106).

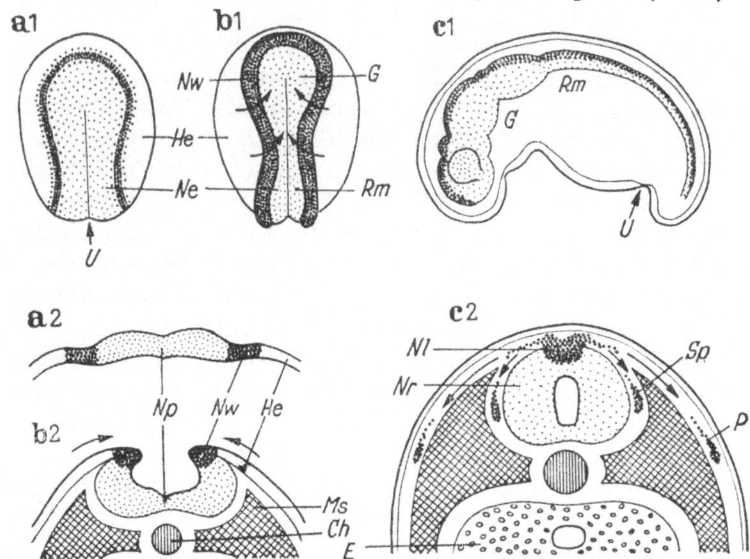

Abb. 17a—c. Neurulationsvorgänge. Signaturen wie in Abb. 15. *He* Haut-ektoderm (weiß); *Ne* Neuralektoderm und seine Abkömmlinge (fein punk-tiert); *Nw* Neuralwülste (dicht-schwarz punktiert); *Ms* Muskelsegmente (kreuzweise schraffiert); *Cb* Chorda (senkrecht schraffiert); *E* Darmentoderm (kleine Kreise). a 1 Frühe Neurula mit Anlage der Neuralplatte (*U* Urmund-stelle). a 2 Materialverteilung im Ektoderm der frühen Neurula (Schnitt durch a). b 1 Mittlere Neurula. b 2 Schnitt durch mittlere Neurula. c 1 Lage des ver-senkten Neuralrohrs im Embryo, *G* Gehirn, *Rm* Rückenmark, *U* Urmundstelle. c 2 Schnitt durch c 1, zeigt Auswandern der Zellen aus Neuralleiste (*Nl*) zur Bildung von Spinalganglien (*Sp*) und Pigmentzellen (*P*), *Nr* Neuralrohr

Nun wollen wir uns aber nicht mit der bloßen Beschreibung der Gastrulation, Neurulation und Organbildung begnügen. Wir möchten auch etwas über das Wesen, die Ursachen und das Zu-sammenspiel der gestaltbildenden Vorgänge erfahren. Wie werden ordnende Zellbewegungen geleitet, und wer entscheidet zum Bei-spiel darüber, welche Ektodermzellen für die Oberhaut und welche für das Gehirn-Rückenmarks-System abzugrenzen sind? Kann man auch feststellen, wann das Schicksal eines Keimbereiches bestimmt wird, so daß ein spezieller Differenzierungsweg beschritten wird? Derartige Fragen lassen sich nur mit sinnvoll erdachten Experimenten angehen. Dieser experimentellen Entwicklungsforschung, die als *Entwicklungsmechanik* oder *Entwicklungsphysiologie* nach Ursache und Wirkung fragt, wenden wir uns jetzt zu.

Ordnung durch Wandern, Aussondern und Vereinigen von Zellen

Auf dem Entwicklungsweg, der von der einfachen Hohlkugel einer Blastula (Abb. 11 h) zum reich gegliederten Organismus führt (Abb. 15 c), werden drei Typen des Zellverhaltens eingesetzt: Wandern, Aussondern und Vereinigen. Eindrucksvoll beginnt diese Dynamik mit der Gastrulation (S. 46). Dabei verschieben sich die Zellen des späteren Ektoderms, Mesoderms und Entoderms als Einheitsverbände. Das Mesoderm unterwandert als Urdarmdach das Ektoderm. Das Entoderm verschwindet ebenfalls im Keiminnern; es wird dann vom Mesoderm eingeschlossen. Das Ektoderm streckt sich, bis es schließlich die ganze Keimoberfläche bedeckt. Nach dieser ersten, der Keimblattsonderung, setzen zahlreiche weitere Trennungsvorgänge ein. So löst sich die Anlage des Nervensystems vom Hautektoderm und wird als Neuralrohr ins Innere eingesenkt (Abb. 17). Auch im Mesoderm des Urdarmdachs wird der zunächst einheitliche Zellverband aufgeteilt. In der Mitte sondert sich der runde Chordastab heraus (Abb. 16 d). Seine Zellen trennen sich von ihren unmittelbaren Nachbarn, welche für die Skelett- und Muskelanlagen bestimmt sind. In ähnlicher Weise werden im Mesoderm die Nierenkanälchen, Blutgefäße und Keimdrüsenanlagen herausmodelliert.

Ausgiebige Wanderungen setzen ein, wenn die Zellen der *Neuralleiste* ihre ursprüngliche Lage verlassen (Abb. 17, 39). Sie schwärmen aus und besiedeln als Pigmentzellen die Haut des ganzen Körpers. In geschlossenen Wanderzügen bewegen sich im Kopfbereich andere Zellverbände nach unten, wo sie die Knorpelspangen der Schlund- oder Kiemenbogen bilden. Andere Zellen der Neuralleiste wandern nur über kurze Strecken, sie liefern das

Füllgewebe des dorsalen Flossensaumes, oder sie vereinigen sich zu segmental verteilten Gruppen neben dem Neuralrohr, wo sie sich zu den Spinalganglien differenzieren (Abb. 17, 39).

Das Wandern, Aussondern und Vereinigen wirft zahlreiche interessante Probleme auf. Wie wird die Bewegungsparole ausgegeben, wer bestimmt den Weg, und welche Faktoren geben an der richtigen Stelle das Stoppsignal? Was veranlaßt Zellen, die zunächst in engstem Kontakt aneinandergrenzen, sich plötzlich fliehend voneinander weg zu bewegen, und wie erkennen die Wandernden den Ort, wo sie zusammen mit ihresgleichen zur Ruhe kommen? Wir können hier nur auf einzelne dieser Fragen eingehen. Dabei beschränken wir uns auf das Erläutern einiger Experimente, die wesentlich zur Klärung grundlegender Vorgänge beigetragen haben.

In einer Amphibien-Neurula (Abb. 18a) liegen Zellverbände nebeneinander, deren Entwicklungsrichtung bereits determiniert ist. In unserem Beispiel wird ein Keimbereich herausgeschnitten, in dem drei Zelltypen aneinandergrenzen (Abb. 18b). In einer alkalischen Zuchtlösung läßt sich der Verband lockern, so daß die Zellen einzeln frei werden (Abb. 18c). Nun werden die drei Zelltypen zu einem chaotischen Haufen vermengt und wieder in eine normale Salzlösung gebracht. Hier schließen sich die verschiedenartig determinierten Zellen zu einer Mosaik-Kugel zusammen (Abb. 18d), die als freies Explantat in der Salzlösung gezüchtet wird, wo sich die Zellen voll ausdifferenzieren. Dabei bleibt dieses chaotische Gemenge aber nicht stabil (Abb. 18e). Die Epidermiszellen wandern nach außen und kommen erst zur Ruhe, wenn sie im Kontakt mit ihresgleichen eine homogen aufgebaute Außenschicht, d. h. eine neue Epidermisanlage gebildet haben. Hier differenzieren sie sich zur Oberhaut. Ebenso wandern die Neuralzellen so lange, bis sie zu einem einheitlichen Haufen vereinigt sind, der sich zu einem Teil des Rückenmarkes weiterentwickelt. Ein Kontakt mit den Zellen der Epidermis wird vermieden. Der dritte Typ, die Zellen der Neuralleiste, ordnen sich zwischen Epidermis und Rückenmark ein.

Damit ist durch Wandern und Aussondern wieder eine Ordnung hergestellt, die den Lagebeziehungen in der Normalentwicklung entspricht (Abb. 18f). Was das herausgeschnittene Stück im vor-

52

deren Rumpfteil der Larve gebildet hätte, ist in Abb. 18g dargestellt. Wir sehen, daß das Rückenmark (Neuralrohr, *Nr*) nirgends Kontakt mit der Oberhaut (Epidermis, *E*) hat, indem sich trennend dazwischen die Zellen der Neuralleiste als Füllgewebe des Flossensaumes geschoben haben (Flossensaum-Mesenchym, *Fm*).

Im Prinzip gleiche Ergebnisse erzielt man, wenn Hautektoderm-, Mesoderm- und Entodermzellen durchmischt werden. Auch dieses Zufallsgemenge entmischt sich, und die Zellbewegung hält an, bis die Ektodermzellen außen zur Oberhautanlage, die Mesodermzellen in einer Mittellage zu Muskulatur- oder Chorda-Anlage und die Entodermzellen zur Darmanlage versammelt sind.

Können wir solches Zellverhalten, das vom Chaos zur erneuten Ordnung führt, verstehen? Zahlreiche Forscher suchten und suchen nach Klärung und Erklärung. Zunächst steht fest, daß in Embryonalzellen, sobald sie isoliert sind oder auch wenn sie zusammen mit ungewohnten Nachbarn kultiviert werden, eine Bewegungstendenz ausgelöst wird. Je nach der Natur der fremden (heterotypischen) Zelltypen, mit denen sie sich zufällig berühren, wird eine trennende Bewegung mehr oder weniger lebhaft. Solches Verhalten kann als *negative Zellaffinität* bezeichnet werden. Doch dort, wo — wiederum zufällig — gleichartige (isotypische) Zellen aufeinandertreffen, wird die Bewegung als Folge einer *Kontakthemmung* eingestellt. Diese *positive Zellaffinität* sichert einen festen und dauernden Gewebeverband.

Über das Wesen der Affinitäten weiß man noch nichts Sicheres. Wahrscheinlich sind biochemische Eigenschaften der sich berührenden Zelloberflächen entscheidend. Dies ermöglicht den Zellen, sich gegenseitig zu erkennen und zwischen passenden und unpassenden Partnern zu unterscheiden. Ungelöst bleibt allerdings die Frage, warum die einen Zellen an der Oberfläche, die anderen im Innern zur Ruhe kommen. Für die Affinitäten ist übrigens nicht die Artzugehörigkeit, sondern die Gewebezugehörigkeit maßgebend. Dies kann sehr eindrucksvoll mit Mischungen von Zellen aus Hühnchen- und Mäuseembryonen gezeigt werden. Die Gewebeverbände lassen sich mit dem Verdauungsenzym Trypsin schonend zu Einzelzellen auflockern, die dann frei in eine Kulturlösung gebracht werden, wo sie zunächst frei flottieren. Dann

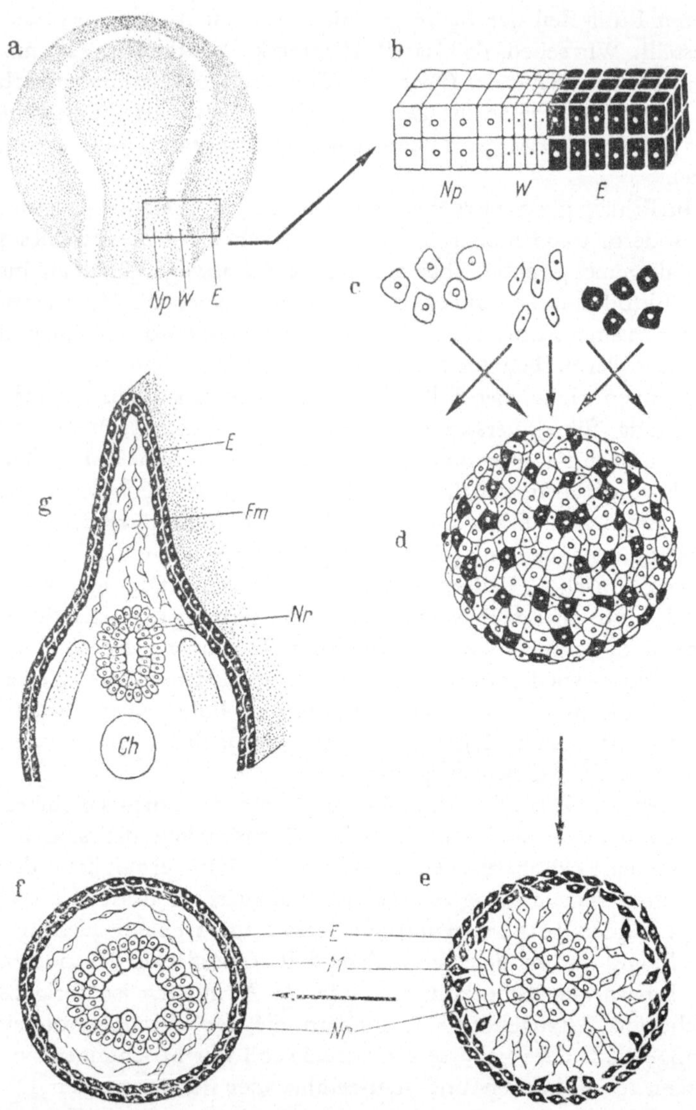

Abb. 18. Wiederherstellen der Ordnung nach Auflockerung und Vermischen der Zellen eines Amphibienkeimes. a Entnahme eines Ektodermstückes aus einer Neurula. b Die Zelltypen noch gesondert nebeneinander. c Die Zellen

schließen sie sich aber bald zu Gruppen zusammen. Dabei vereinigen sich aus einem Gemisch von Nieren- und Knorpelzellen die Nierenzellen der Maus mit denen des Hühnchens; sie bilden gemeinsam chimärisch zusammengesetzte Nierenkanälchen. Auch die Knorpelzellen der beiden so fremdartigen Spender fügen sich zu geschlossenen Verbänden zusammen, die sich in der Kultur zu Knorpelstücken differenzieren, die teils aus Maus-, teils aus Hühnerzellen bestehen.

Bisher haben wir nur über direkte Kontaktreaktionen berichtet. Es gibt daneben auch ein Erkennen auf Distanz. Künftige Pigmentzellen (Propigmentzellen) aus Molchembryonen, die aus der Neuralleiste stammen (S. 107), wandern über weite Strecken und besiedeln die Haut der Larve, wo sie sich ausfärben. Dabei fällt auf, daß sie sich in einem Streumuster anordnen, indem bestimmte Abstände zwischen den Zellen eingehalten werden (Abb. 5, 33, 34). Es sieht so aus, als ob sie sich gegenseitig abstoßen würden. Tatsächlich kann eine solche Reaktion experimentell nachgewiesen werden. Wird eine einzelne Propigmentzelle in ein feines Glasröhrchen eingesperrt, so bewegt sie sich kaum (Abb. 19a). Werden dagegen zwei oder mehrere Zellen zusammen isoliert und in die Kapillare gebracht, so bewegen sie sich bald voneinander weg (Abb. 19b), bis ein möglichst großer Abstand zwischen ihnen liegt (Abb. 19b). Offenbar reagieren sie auf Stoffe, die aus den Einzelzellen hinaus in die Umgebung diffundieren. Die Zellen fliehen von den Orten weg, wo die Stoffkonzentration, welche die Nachbarzelle umgibt, am höchsten ist. Das Experiment zeigt zweierlei. Erstens macht es das in der intakten Larve auftretende Streumuster verständlich, und zweitens lernen wir einen jener seltenen Fälle kennen, da Zellen eines Vielzellers auf anlockende oder abstoßende chemische Stoffe mit gerichteten Bewegungen reagieren. Eine solche *Chemotaxis* spielt bei den freibeweglichen einzelligen

---

nach Auflösung des Gewebeverbandes. d Vereinigen der drei Zelltypen zu einem zufallsmäßig durchmischten Kugelhaufen. e Aussondern durch Zellwanderung. f Endstadium mit neuer natürlicher Ordnung. g Der dem Explantat f entsprechende Larventeil. *Np* Zellen der Neuralplatte, *W* Neuralwülste, *E* Epidermis, *Nr* Neuralrohr, *M* Mesenchym, *Fm* Flossensaum-Mesenchym, *Ch* Chorda (frei nach P. L. Townes und J. Holtfreter)

Tieren eine große Rolle. Da die Propigmentzellen voneinander
weg streben, ist dies eine negative Chemotaxis. Dabei mag es
überraschen, daß im Gegensatz zur Zellwanderung, wie sie in der
Abb. 18 charakterisiert ist, wo Gleichartiges sich zusammen-
schließt, sich die auch gleichartigen Pigmentzellen meiden.

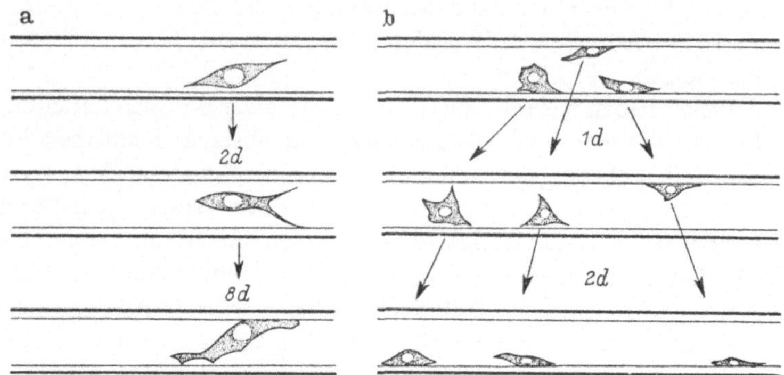

Abb. 19. Negative Chemotaxis bei Vorpigmentzellen eines Molches. a Eine
Zelle allein verändert ihre Lage selbst nach 8 Tagen (*8d*) Kultur kaum. b Verhalten einer Dreiergruppe, oben: einige Stunden nach Isolation, Mitte: nach
1 Tag (*1d*), unten: nach 2 Tagen (*2d*) Kultur (nach V. C. Twitty und M. C. Niu)

Mit dem Nachweis von Affinitäten ist ein dynamisch-gestalten-
des Prinzip aufgedeckt, das für die Raumordnung im werdenden
Organismus eingesetzt wird.

Der Experimentator „macht" eineiige Zwillinge

Wird ein gefurchtes Molchei mit einer feinen Kinderhaarschlinge so geschnürt, daß die Teilungsebene senkrecht zum
Verlauf der oberen Urmundlippe steht, so entwickelt sich jede
Schnürhälfte zu einem vollständigen und harmonisch gestalteten
Ganzmolch (Abb. 20). Die abgebildeten Zwillinge sind annähernd
drei Monate alt; die klein gewordenen Kiemenbüschel zeigen
bereits den Beginn der Metamorphose an. Mit diesem Schnürungsexperiment wird eine höchst erstaunliche, eine bewunderungs-
würdige Lebensleistung aufgedeckt. Was ist geschehen? Ohne

experimentellen Eingriff hätte das Zellmaterial einer Keimhälfte
nur die eine Körperseite des Molches gebildet, mit nur einem Auge
und nur einem Vorder- und Hinterbein. Nach der Abschnürung
wird nun aber völlig neu über das vorhandene Zellmaterial ver-

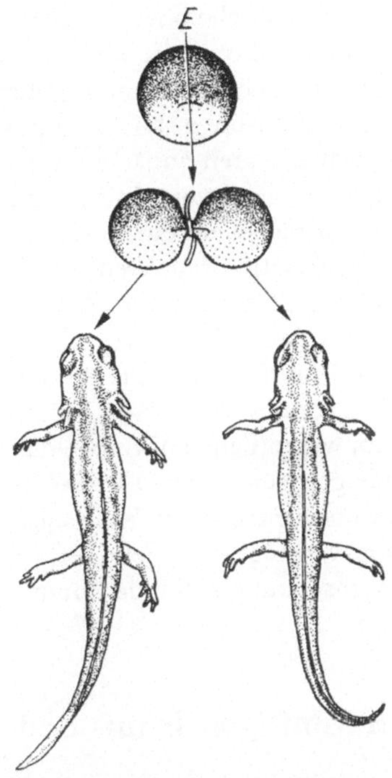

Abb. 16. Vollkommene Regulation in beiden Schnürhälften nach Trennung
einer Spätblastula des Molches *Triturus taeniatus*. *E* Spiegelebene; das Areal
über dem künftigen Urmund (Strich) ist dunkel punktiert (nach H. Spemann
und H. Falkenberg ergänzt)

fügt. Der alte Anlageplan (Abb. 15) wird gründlich revidiert. Eine
neue Mittelachse muß festgelegt werden, und die „Bauleitung“
steht vor der Aufgabe, die Augen und Hirnteile, den Darm und
das Herz zunächst nur halb so groß zu konstruieren, als ursprünglich vorgesehen war. Diese Fähigkeit des Lebens, durch Neu-
planung und Umorganisation aus Teilstücken des Organismus das
Ganze zu bilden, nennt man „*Regulationsvermögen*“.

Solchen Regulationsleistungen verdanken auch die eineiigen
Menschenzwillinge ihre Existenz und harmonische Gestalt. Auf
irgendeinem Frühstadium, während der Furchung schon oder
später als Blastula oder junge Gastrula, muß der Keim so „zerfallen", daß das ihm innewohnende Regulationsvermögen einsetzt. Ob chemische, mechanische oder kombinierte Ursachen zur
entscheidenden Trennung führen, ist noch nicht bekannt. Wie
großartig übrigens der menschliche Keim regulieren kann, zeigen
die kanadischen Dionne-Fünflinge. Diese zu normalen Personen
aufgewachsenen Mädchen waren zunächst nur ein einziges bio-
logisches Individuum, das sich regulativ verfünffachen konnte.

Wir wollen jetzt ein Molchei auf einem späteren Stadium, d. h.
nach Abschluß der Gastrulation schnüren. Wieder stellen wir die
Schlinge in Richtung der Längsachse ein. Auch solche ältere Teil-
hälften entwickeln sich weiter; aber sie regulieren nicht mehr zum
Ganzen. Es entstehen lediglich Halbseitenkrüppel mit nur einem
Auge und nur links- oder rechtsseitigen Beinen. So liefert die
abgetrennte Hälfte im wesentlichen nur noch das, was sie auch im
ungeteilten Verbande geleistet hätte. Offenbar ist im Verlaufe der
Gastrulation etwas Entscheidendes im Keim geschehen. Sein um-
fassendes Regulationsvermögen ist jetzt erloschen. Wie diese
Wandlung und Einschränkung zustande kommt, müssen weitere
Experimente verraten.

Austausch von künftigen Haut- und Hirnzellen

Hans Spemann hat als erster erkannt und bewiesen, wie wunder-
bar sich an Keimen von Molchen, Unken und Fröschen operieren
läßt. Mit selbstgemachten mikrochirurgischen Instrumenten, wie
feinsten Glasnadeln, Pipetten und Haarschlingen, konnte er Stücke
aus irgendeiner Blastula- oder Gastrularegion herausschneiden und
an einem beliebigen Ort in den gleichen oder in einen fremden
Keim verpflanzen. Der Operateur arbeitet dabei im Blickfeld einer
binokulären Lupe, die ihm das stecknadelkopfgroße Ei so vergrößert, daß er nach gebührender Übung das Gefühl hat, er
manipuliere an einem Fußball herum. Die Keime ertragen tief-
greifende Operationen, und verpflanzte Stücke heilen schon in

einer Viertelstunde völlig ein. Seit man über Sulfonamide und Antibiotica verfügt, die dem Kulturwasser zugegeben werden, ist auch die Infektionsgefahr beseitigt. So lassen sich große Versuchsserien bis zum gewünschten Stadium züchten.

Da man das Schicksal einer verpflanzten Zellgruppe verfolgen möchte, muß sie irgendwie markiert werden. Spemann verwendete für seine Transplantationen Keime, die sich im natürlichen Pigment unterscheiden. So konnte er ein Implantat aus einem hellen „Spender" in einem dunkleren „Wirt" (Empfänger) längere Zeit unter Beobachtung halten und selbst im mikroskopischen Präparat noch erkennen. Heute wird einfacher der eine Partner, sei es Spender oder Wirt, mit dem unschädlichen Nilblausulfat knallig blaugrün gefärbt. Dieser Farbstoff markiert die Grenze zwischen Implantat und Wirt für mehrere Wochen auf die Zelle genau. Nach diesen technischen Erläuterungen wenden wir uns jetzt einem klassischen Spemannschen Versuch zu, der, im Jahre 1918 bekanntgegeben, eine Grundfrage der Entwicklungsforschung klären konnte (Abb. 21).

Zwischen zwei Keimen, die eben mit der Gastrulation beginnen, werden Ektodermstücke ausgetauscht (a 1 und b 1). Aus ihrer Lage in bezug auf die Urmundstelle (abgebogene Pfeile) wissen wir, daß das dunkle Stück aus der künftigen Hirnregion stammt, während das helle Stück normalerweise Oberhaut (Epidermis) des Bauches gebildet hätte. Durch die Transplantation kommen nun künftige Gehirnzellen in die Haut und Zellen aus dem Hautektoderm in die Gehirnanlage zu liegen. Am fremden Ort (a 2 und b 2) fügen sich die Transplantate völlig normal ein. Die „Gehirnzellen" bleiben an der Oberfläche, machen die Streckung der umgebenden Hautepidermis glatt mit und unterscheiden sich auch später, abgesehen von ihrer stärkeren Pigmentierung, in nichts von der angrenzenden ortsansässigen Hautbedeckung (b 3) (Abb. 21). Aber auch die ursprünglichen „Hautzellen" genügen allen hohen Ansprüchen des neuen Ortes (a 3). Sie nehmen teil an der Formung und Differenzierung des Gehirnteiles, dessen Platz sie belegen und werden zu richtigen Nervenzellen. So wird der operierte Molch später mit einem ursprünglich für Haut vorgesehenen Zellbereich seine Bewegungen steuern, Sinneswahrnehmungen verarbeiten, Instinkthandlungen leisten und lernend allerhand Erfahrungen verwerten.

Verfolgen wir jetzt das Ergebnis eines entsprechenden Austausches, der aber nicht zu Beginn, sondern am Ende der Gastrulation vollzogen wird (Abb. 21 c und d). Die verpflanzten Stücke sehen noch genauso embryonal aus wie die Transplantate des

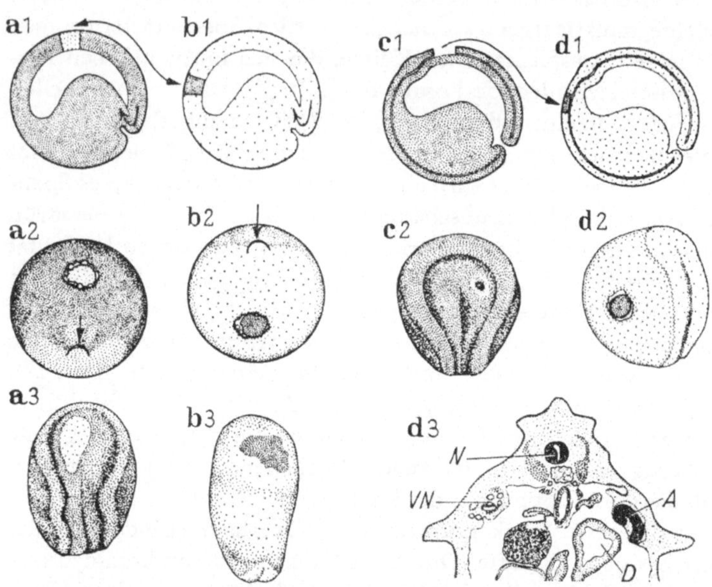

Abb. 21 a—d. H. Spemanns klassische Austauschexperimente an Molchkeimen. Zu Beginn (a und b) und nach Abschluß der Gastrulation (c und d). a 1 und b 1 Schema der Operation mit Platzwechsel von Neuralektoderm aus a 1 (dunkel) mit Hautektoderm aus b 1 (hell). Der Pfeil im Keiminnern gibt die Invaginationsrichtung (obere Urmundlippe) an. a 2 und b 2 Lage der frisch verpflanzten Implantate, bezogen auf Urmund (gerader Pfeil). a 3 Implantat liegt im Gehirnteil der Neuralplatte (vgl. Abb. 14). b 3 Implantat in der Oberhaut der Kopfunterseite. c 1 und c 2 Spender von Neuralmaterial (Loch). d 1 und d 2 Wirtsneurula mit Implantat in der Bauchflanke aus c. d 3 Weiterentwicklung der Larve (Schnittbild), Implantat bildet Auge (A). N Neuralrohr, VN Vorniere, D Darm des Wirts

ersten Experimentes, und doch benehmen sie sich grundverschieden. Sie fügen sich dem neuen Orte nicht mehr ein. Das Hautstück bleibt Haut und sitzt nun dauernd als störender Fremdkörper im Gehirn (nicht abgebildet). Das Gehirnstück sondert sich von der umgebenden Haut ab und differenziert sich am neuen Ort zu jenem Hirnteil, den es auch an der Entnahmestelle gebildet hätte. Im abgebildeten Fall stammt das Transplantat zum Beispiel aus der Zwischenhirnzone, aus der normalerweise Augen hervorgehen (S. 73, Abb. 25). Deshalb entsteht — wie in unserer Abb. 21 d 3 — aus dem Transplantat in der Bauchflanke ein isoliertes Auge, dem allerdings die Linse fehlen muß, weil kein Kontakt mehr mit der Oberhaut besteht (vgl. S. 72).

Aus den unterschiedlichen Ergebnissen der beiden Austauschexperimente lassen sich bedeutungsvolle Schlüsse ableiten. Im embryonalen Ektoderm ist während der Gastrulation offensichtlich Entscheidendes geschehen. In der Frühgastrula haben die Zellen noch die Möglichkeit, Haut oder Hirn zu werden. Sie sind noch nicht „determiniert", und daher verhalten sie sich im Transplantat „ortsgemäß" und nicht „herkunftsgemäß". Ihre Differenzierung ist „abhängig" von der Umgebung. Nach der Gastrulation ist die „*Determination*" vollzogen. Das vorher noch große Repertoire an Entwicklungsmöglichkeiten wurde auf ein Organsystem eingeschränkt. Die Transplantate verhalten sich jetzt „herkunftsgemäß" und nicht mehr „ortsgemäß". Wir stellen fest, daß sie sich nun „selbstdifferenzierend" und „unabhängig" von der Keimumgebung entwickeln. Mit den verschiedenen in Anführungszeichen stehenden Ausdrücken haben wir soeben eingeführt in die Fachsprache des Entwicklungsphysiologen, so wie sie sich aus Transplantationsexperimenten ergeben hat.

Der Organisator

Wir wissen nun, daß während der Gastrulation über das künftige Schicksal von Zellbereichen und Organanlagen entschieden wird und daß im besonderen die Determination im Ektoderm zu Nervensystem oder Oberhaut erfolgt. Jetzt muß uns interessieren, ob auf experimentellem Wege etwas zu erfahren ist über die Bedingungen und Ursachen dieser Vorgänge. Nachdem Spemann und seine Mitarbeiter gezeigt hatten, daß ektodermale Implantate im Früh-Gastrula-Stadium sich ortsgemäß einfügen und differenzieren, versuchten sie es auch mit Transplantaten, die dem Mesoderm an der oberen Urmundlippe entnommen wurden (Abb. 22).

Und eben dieses harmlos anmutende Experiment führte zu einer der größten Entdeckungen auf dem Gebiete der Wissenschaft vom Leben, und es trug dem Freiburger Zoologen Hans Spemann auch den medizinischen Nobelpreis des Jahres 1935 ein.

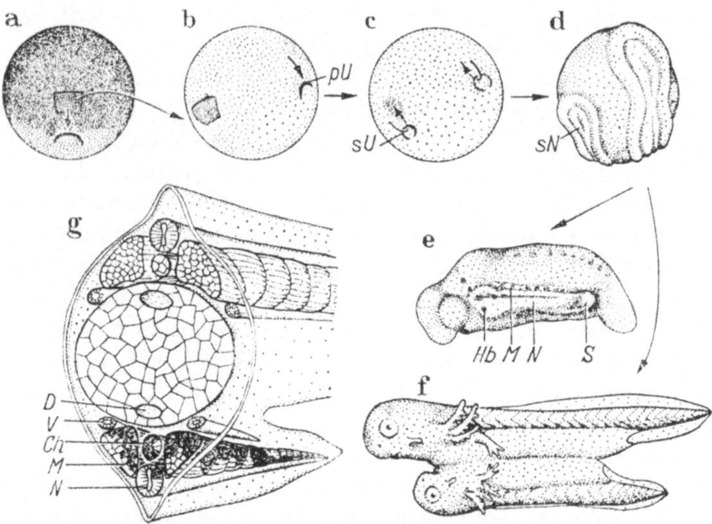

Abb. 22a—g. Organisatortransplantation. a Dunkler Spender, dem ein Implantat über der oberen Urmundlippe (Sichel) entnommen wird. b Wirt mit dunkel pigmentiertem Implantat im Bauchektoderm, *pU* primärer Urmund des Wirtes mit Pfeil als Invaginationsrichtung. c Implantat invaginiert um sekundären Urmund (*sU*). d Primäre Neuralplatte (groß, rechts) und sekundäre Neuralplatte (*sN*) über dem Implantat. e Induktion von Hörblasen (*Hb*), Neuralrohr (*N*), Muskelsegmenten (*M*) und Schwanzknospe (*S*) auf linker Körperseite des Wirtes. f Vollständiger sekundärer Larvenkörper als maximale Induktor- und Organisatorwirkung. g Schnitt durch f zeigt oben die primären Larvenorgane (*pL*) und unten die sekundäre Larvenorganisation (*sL*); Implantatszellen dunkel, Wirtszellen hell, *N* Neuralrohr, *M* Muskelsegmente, *Ch* Chorda, *V* Vornierengang, *D* Darmöffnung (z. T. frei nach H. Spemann und J. Holtfreter)

Wird ein Stück der oberen Urmundlippe (Abb. 22a) in künftiges Bauchektoderm eingeführt (b), so bleibt es nicht an der Oberfläche. Das Implantat benimmt sich vielmehr herkunftsgemäß und beginnt daher um einen sekundär entstandenen Urmund (*sU* in c) ins Innere zu wandern. So verschwindet das eingesetzte Stück bald, indem es sich unter das Bauchektoderm schiebt. Offensichtlich verwirklicht das Implantat eine ihm innewohnende Bewegungstendenz. Daher kann sich der Experimentator das sorgfältige Einpassen des Implantates in die Keimoberfläche ersparen und das Stück aus der oberen Urmundlippe durch einen Schlitz einfach wie in einen Briefkasten in die Furchungshöhle (Blastocoel, Abb. 16, *Bl*) hineinstecken. Die Gastrulationsbewegung drückt dann das Implantat gegen das Bauchektoderm, und der Versuch führt zum gleichen Ergebnis wie eine Oberflächentransplantation vom Typus der Abb. 22.

Das Erstaunlichste aber ereignet sich zur Zeit, da auf der Rückenseite des Keimes die Anlage des Nervensystems erscheint. Jetzt sehen wir, wie auch über dem eingewanderten Implantat sich eine Neuralplatte erhebt (*sN*) (Abb. 22 d), die sich später zu einem bauchständigen Nervenrohr schließt. Wohlverstanden, dieses sekundäre Nervensystem entsteht aus Ektodermzellen, die normalerweise nur Bauchhaut gebildet hätten.

Eine solche unerwartete Entwicklungsrichtung wird dem Ektodermsystem durch das unterlagernde Implantat aufgezwungen. Dieses Implantat wirkt als „*Induktor*"; es „*induziert*" im Bauchektoderm eine Neuralplatte. In günstigen Fällen entsteht am Bauch als Folge der Implantation nicht nur eine sekundäre Neuralplatte, sondern es entwickelt sich eine ganze zusätzliche Embryonalanlage mit Kopf, Augen, Haftfäden, Kiemen, Ohr, Muskelsegmenten, Chorda, Vornieren und Darmöffnung (Abb. 22 f und g). Dabei verfügt der Implantatseinfluß in souveräner Weise über das ortsansässige Material, und es entsteht eine ganzheitliche Bildung, die teils aus Implantatzellen, teils aus Wirtszellen aufgebaut ist. So sehen wir in unserem Schnittbild, daß an der Bildung der Muskelsegmente (*M*) und der Chorda (*Ch*) sowohl Implantatszellen (dunkel) wie Wirtszellen (hell) beteiligt sind. Das mesodermale (!) Implantat hat hier zudem auch noch einen Sektor im Neuralrohr geliefert; es sind dies Zellen, die bei der Gastrulation an der Oberfläche verblieben.

Das Implantat beeinflußt seine Umgebung so weit, daß sie sich dem Organisationsplan eines harmonischen Wirbeltierkörpers einfügt. Das Stück von der oberen Urmundlippe wirkt somit nicht nur als Induktor, sondern auch als eigentlicher „*Organisator*". Spemann hat deshalb den Keimbereich, dem solche Fähigkeiten innewohnen, als das Organisationszentrum bezeichnet. In zahlreichen Versuchen wurde festgestellt, daß dieses Organisationszentrum übereinstimmt mit jenem Blastulabereich, der vor der Gastrulation über dem Urmund liegt und der während der Gastrulation als Urdarmdach einwandert und später als Mesoderm vornehmlich Chorda und Muskelsegmente liefert.

Diese Organisatorregion ist aber schon viel früher determiniert. Es konnte in der noch ungefurchten Eizelle des Krallenfrosches (*Xenopus laevis*) ein bestimmter Bezirk der Eirinde abgegrenzt werden, der nach der Besamung als „grauer Halbmond" sichtbar wird und der als Organisator wirkt. Wird nämlich ein Stück aus diesem Rindenbezirk in ein Furchungsstadium implantiert, so entsteht später an der Einpflanzungsstelle ein sekundärer Urmund und eine zweite Embryonalanlage. Somit wissen wir, daß bereits im Plasma der reifenden Eizelle, also vor der Besamung, die Rindenschicht mosaikartig gegliedert ist, wobei ein Organisatorbereich örtlich festgelegt wurde. Die Zellen, die während der Furchung dieses besondere Plasma übernehmen, liegen später über der Urmundanlage und wandern als Urdarmdach ins Keiminnere. Offenbar entsteht diese entscheidende Organisationsstruktur der Eizelle unter dem Einfluß der mütterlichen Gene. Das Problem der Genwirkungen vor der Besamung hat uns bereits eingehend beschäftigt (S. 23).

Es sei noch hervorgehoben, daß häufig die Organisatorimplantate nur Teilembryonen induzieren. So fehlt dem sekundären Embryo der Abb. 22e der Vorderkopf. Hier reicht die Anlage nur bis zur Höhe der Hörblasen (*Hb*).

Nachdem wir nun wissen, daß ein Organisatorstück in der Bauchregion oder an der Körperflanke eine zusätzliche Embryonalanlage induzieren kann, erhebt sich jetzt die Frage, ob auch für die Normalentwicklung eine Organisatorwirkung benötigt wird. Es gibt verschiedenartige Experimente, die hier entscheiden können. Man kann zum Beispiel eine Frühgastrula so zerschnüren, daß der gesamte Organisatorbereich der einen Hälfte zugeteilt wird (Abb. 23a). Das Ergebnis ist eindeutig: Nur der mit Organisatorzellen versehene Teil reguliert und entwickelt sich zur Normallarve (b). Die andere Schnürhälfte stirbt zwar nicht ab; sie lebt wochenlang weiter, doch wird aus ihr lediglich ein unförmliches Gebilde (c), das nur aus dotterreichen Entodermzellen und einem Hautüberzug besteht. Solchen „Bauchstücken" fehlen alle Achsenorgane, und es unterbleibt dabei im besonderen die Anlage eines Nervensystems.

Wir haben früher gezeigt (Abb. 20), wie harmonisch ausgebildete, eineiige Molchzwillinge aus Keimhälften hervorgehen. Solche Regulationsleistungen sind offenbar aber nur möglich, wenn beide Stücke mit einem ausreichenden Anteil am Organisationszentrum versorgt werden. Entsprechende Voraussetzungen sind auch für die Zwillingsbildung beim Menschen verlangt. Normale Eineiige werden auch hier nur dann entstehen, wenn genügend Organisatormaterial den beiden Keimhälften zugeteilt wird. Sind diese Bedingungen nicht erfüllt, so kann neben einem Normalkind auch nur ein Bauchstück, ein „*Amorphus*" sich bilden. Solche umgeformten „Zwillingskinder" werden gelegentlich auch geboren.

Wie unentbehrlich das Urdarmdachmaterial für die Entstehung von Nervengewebe ist, läßt sich auch mit dem sogenannten „Sandwichversuch" zeigen (Abb. 23 d—h); dabei sollen allfällige Wirkungen aus anderen Keimbereichen ausgeschlossen werden. Wenn ein Stück Frühgastrula-Ektoderm aus dem späteren Hirn- oder Rückenmarksareal herausgeschnitten und in eine Salzlösung von geeigneter Konzentration gebracht wird, so kugelt es sich rasch zu einem Bläschen ab (f). Dieses „Explantat" wird in der Folge nur atypische Oberhaut (Epidermis) liefern (h). Obschon im abgebildeten Versuch das explantierte Material aus dem künftigen Neuralektoderm stammt, wird weder Rückenmark noch Gehirn gebildet. Wird dagegen auf das ausgebreitete Ektodermstück ein Zellhäufchen gelegt, das man der oberen Urmundlippe entnommen hat, so umschließt das sich abkugelnde Ektoderm die Organisatorzellen (e). Jetzt induziert die Sandwichfüllung im umgebenden Ektoderm die Entstehung von zahlreichen Organteilen wie Gehirn, Augen, Ohren, Haftfäden, Rückenmark, Muskulatur und Nieren, und es erscheinen auch Pigmentzellen. Nochmals ist damit bewiesen, daß ohne Induktorwirkung kein Nervensystem entstehen kann, und wir haben nun zur Genüge erfahren, daß der Organisator auch am normalen Ort eine unentbehrliche Aufgabe hat, indem er so wirkt, daß eine Gehirn- und Rückenmarksplatte angelegt wird.

Jetzt sind wir auch soweit, daß wir die Ergebnisse früher
besprochener Experimente erst eigentlich verstehen. Während der
Gastrulation wandert das Urdarmdach ins Keiminnere (Abb. 16),
und dabei gleitet es unter das künftige Neuralektoderm. Von der
Unterlagerung gehen induzierende und organisierende Wirkungen
aus, die das darüberstehende Ektoderm zur Bildung von Nerven-

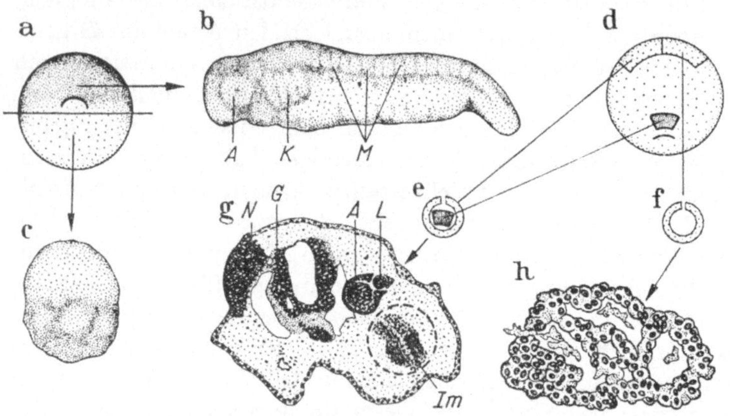

Abb. 23 a—h. Notwendigkeit des Organisatormaterials. a Teilungsschema
(Querstrich) bei Frühgastrula. b Ganzer Organismus aus oberer Hälfte. c
Bauchstück aus unterer Hälfte. d Spender von noch nicht determiniertem
Neuralektoderm (locker punktiert) und von Organisatorzellen (dicht punk-
tiert). e und f Ektoderm-Sandwiches mit oder ohne Induktorfüllung. g Das
Implantat (*Im*, von punktierter Linie umrandet) induzierte im Ektoderm
Auge (*A*) mit Linse (*L*), Gehirn (*G*) und Nase (*N*). h Explantat besteht nur
aus atypischer Epidermis (nach H. Spemann und J. Holtfreter)

gewebe „determinieren". Was dagegen nicht vom Urdarmdach
unterschichtet wird, entwickelt sich zur Oberhaut. Die Determination zu Oberhaut einerseits oder zu Neuralektoderm andererseits hängt somit vom Urdarmdach ab. Und da erst während der
Gastrulation der enge flächenhafte Kontakt zwischen Organisator
und künftigem Neuralgewebe hergestellt wird, kann auch erst jetzt
die entscheidende Determination vollzogen werden. Damit ist
auch erklärt, warum sich im Austauschexperiment (Abb. 21) die
Ektodermtransplantate vor der Gastrulation ortsgemäß, nach dem
Einwandern des Urdarmdaches dagegen herkunftsgemäß verhalten.

Vom Wesen der Organisatorwirkung

Seit der Entdeckung des Organisators zu Beginn der zwanziger
Jahre haben sich zahlreiche Forscher mit Induktionsvorgängen
befaßt und unzählige Experimente durchgeführt. Trotz viel-
fältiger Forschungsarbeit bleiben viele wichtige Fragen bis heute
ungelöst. Entwicklungsphysiologen haben die zwanziger Jahre als
Periode der Hoffnung, das nächste Jahrzehnt als Periode der
Konfusion, die vierziger Jahre als Periode der Depression bezeichnet und ab 1950 seien wir in eine Periode der neuen Hoffnung
eingetreten. Doch wollen wir jetzt einiges von dem erzählen,
was geklärt werden konnte.

Wird das Urdarmdach eines Frosches oder einer Unke in einen
Molchkeim implantiert, so wirkt es dort genau so induzierend wie
in der eigenen Art. Solche *Art-Unspezifität* gilt aber noch für viel
weitere Verwandtschaftsgrade. Mit Organisatormaterial von Amphibien, Fischen oder Säugetieren kann auch in der Keimscheibe
eines Hühnchens eine zusätzliche Embryoanlage induziert werden.
Offenbar ist das wirksame Prinzip bei allen Wirbeltieren dasselbe,
und so erfolgt überall die Determination des Nervensystems auf
Grund gleicher Mechanismen. Ähnlich wie Induktoren wirken
auch Hormone innerhalb weiter Grenzen artunspezifisch. Werden
Schilddrüsen des Kalbes an Kaulquappen verfüttert, so lösen sie
die Metamorphose ebensogut aus wie froscheigene Hormon-
spender (vgl. S. 124), und der Hahnenkamm spricht auf irgendwelche männliche Sexualhormone an, gleichgültig ob sie nun von
Fischen oder von Menschen stammen.

Das breite Wirkungsspektrum der Hormone beruht darauf, daß
in den Schilddrüsen, den Hypophysen, den Keimdrüsen oder den
Nebennieren aller Wirbeltiere je gleiche oder ähnliche Ver-
bindungen hergestellt und in die Blutbahn abgegeben werden.
Nach solchen Erfahrungen darf man vermuten, daß auch die
Induktorwirkungen auf Stoffen beruhen, die bei allen Wirbeltieren
von gleicher Art sind. Doch ist zunächst zu beweisen, daß vom
Urdarmdach wirklich Stoffe ausgehen, die in das darüberliegende
Ektoderm eindringen und dort die Entstehung eines Nerven-
systems induzieren. Es könnte ja der Organisator auch durch ein
Strahlenfeld oder gar durch irgendwelche andere „Lebenskräfte"

wirken. Doch ist heute durch zahlreiche Experimente zur Genüge bewiesen, daß vom Induktor (als dem „Aktionssystem") *chemische Stoffe* in das Reaktionssystem übertreten. So blockiert eine feine, porenlose Membran, wenn sie zwischen Induktor und Ektoderm eingeschoben wird, die Induktionswirkung. Wird aber eine solche Membran durch einen Milliporfilter ersetzt, der 20 μ (tausendstel Millimeter) dick ist und feinste Poren von 0,8 μ Durchmesser hat, so wird erfolgreich induziert. Daß wirklich Stoffe vom Urdarmdach in das Reaktionssystem übertreten, wurde auch gezeigt, indem die Zellen des Induktors mit radioaktiven Verbindungen markiert wurden. Strahlende Stoffe konnten später im Neuralektoderm nachgewiesen werden. Besonders feine Nachweise des Stoffübertrittes sind zudem gelungen mit Immunkörpern (Antikörper), die man so behandelt, daß sie ein Fluoreszenzlicht ausstrahlen. Ein direkter Zellkontakt ist somit nicht erforderlich. Wichtig sind aber auch folgende Befunde: Urdarmdachstücke verlieren ihre Induktionsfähigkeit nicht, wenn sie durch Hitze, Kälte oder bestimmte Chemikalien schonend verändert werden. Solche Zellen sind nicht mehr lebensfähig. Induzierende Stoffe lassen sich aus Zellen verschiedenster Gewebe extrahieren; man kann mit ihnen dann Agarstücke durchtränken. Werden solche imprägnierte Träger von Induktorstoffen in junge Amphibienkeime implantiert, so induzieren sie Neuralgewebe in ähnlicher Weise wie lebende Induktoren.

Was aber sind das für Stoffe, denen in der Embryonalentwicklung eine so wichtige Aufgabe übertragen ist? Trotz jahrzehntelanger Bemühungen und verschiedenartigster Experimente kann diese Frage heute noch nicht befriedigend beantwortet werden. Zwar ist es gelungen, mit reinen Stoffen aus dem Chemikalienschrank recht überzeugende Induktionen hervorzurufen. Damit ist aber aus verschiedenen Gründen leider nicht viel gewonnen. Zunächst zeigte sich, daß die erfolgreichen chemischen Induktoren zu ganz verschiedenen Stoffklassen gehören. Wirksam waren u. a. Fettsäuren, Sterine, Kohlenhydrate, Vitamine und Nukleinsäuren, aber auch verschiedene Eiweißverbindungen. Nun weiß man nicht, ob unter diesen Substanzen auch jene Stoffe vertreten sind, die bei der normalen Induktion tätig sind. Es bleibt auch offen, ob diese so verschiedenartigen Stoffe primär angreifen oder ob sie über unbekannte Stoffwechselvorgänge nur indirekt auf die Zellchemie der reagierenden Systeme Einfluß nehmen. Zudem hat sich gezeigt, daß undeterminiertes Hautektoderm, falls es geschädigt wird, ohne daß nun ein Induktor zu wirken brauchte, die Tendenz hat, sich zu Nervengewebe zu entwickeln. Daher könnten die Induktionswirkungen chemischer Verbindungen in manchen Fällen auch auf einer einfachen Schädigung der Reaktionssysteme beruhen. Aus all diesen Gründen konnten sich die maßgebenden Forscher über die chemische Natur der Induktionsstoffe nicht einigen. Immerhin scheint klar zu sein, daß das Urdarmdach sehr wahrscheinlich mehr als nur einen Stoff abgibt. Wie ließ sich das feststellen?

Über dem Kopfdarmdach entsteht die Gehirnplatte, weiter hinten über dem Rumpfdarmdach das Rückenmark. Wie kommt solche Regionenbildung zustande? Gibt es einen Kopforganisator, der sich von einem Rumpforganisator unterscheiden würde, oder beruht die Längsdifferenzierung im Nervensystem auf Eigenschaften, die in diesem reagierenden Material selbst verankert sind? In diesem Falle müßte das Ektoderm ein eigenes Differenzierungsmuster verwirklichen, wobei der Organisator lediglich die allgemeine Induktionsparole „Nervengewebe" abzugeben hätte. Über diese interessante Alternative ist experimentell entschieden. Es wurden zwei verschiedene Sandwichtypen kombiniert (Abb. 24). Dabei darf sich die ektodermale Umhüllung nicht unterscheiden; es wird daher für beide Versuchsanordnungen (a 1 und a 2) noch undifferenziertes Ektoderm einer Gastrula verwendet. Im ersten Experiment (c) setzt man als Sandwichfüllung ein Stück vorderes Urdarmdachmaterial, also Kopfdarmdach ein, im zweiten füllt man die Sandwichblase mit Organisatorgewebe, das aus dem künftigen Rumpfdarmdach stammt (d). Wie unsere Abb. 24 zeigt, induziert das erste Stück allerhand Kopforgane (e), während gleichartiges Ektoderm auf das hintere Stück mit der Bildung von Rücken- und Schwanzteilen reagiert (f).

Somit wird das Gliederungsmuster im Nervensystem nicht durch Qualitäten des Reaktionssystems bewirkt, sondern durch Unterschiede, die vom induzierenden Urdarmdach ausgehen. Und wir sind jetzt berechtigt, einen Kopforganisator von einem Rumpforganisator zu unterscheiden, was bedeutet, daß wir dem Or-

ganisatorbereich *regionsspezifische Wirkungsqualitäten* zuerkennen.
Da dieser Unterschied stofflicher Natur sein muß, stehen wir
wiederum vor der Frage nach der besonderen Art dieser Stoffe.

Einigen Aufschluß ergaben Implantate mit verschiedenen lebenden Gewebsstücken aus erwachsenen Meerschweinchen, die unter

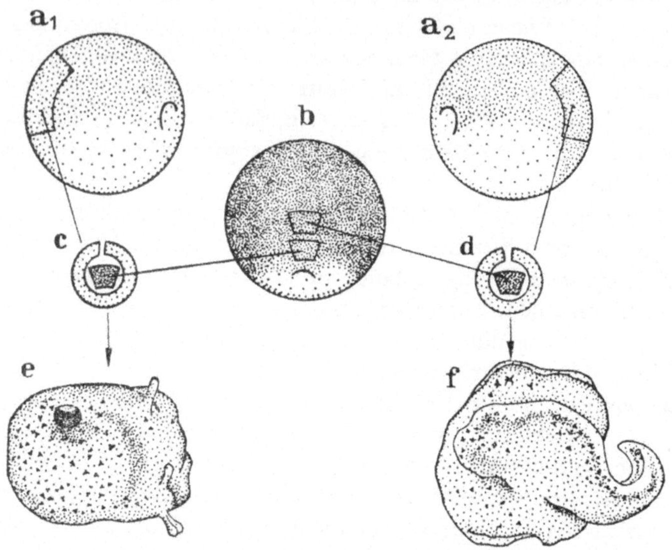

Abb. 24a—f. Regionsspezifität des Organisators. a_1 und a_2 Molchgastrulae
als Lieferanten von nicht determiniertem Ektoderm. b Unkengastrula spendet
als Sandwichfüllung für c Kopfdarmdach, für d Rumpfdarmdach. e Induktion
von Kopforganen (Auge und mehrere Haftfäden sichtbar). f Induktion von
Rumpf- und Schwanzorganen (Rückenmark, Muskulatur, Flossensaum) (frei
nach Befunden von J. Holtfreter)

das noch nicht determinierte Ektoderm geschoben wurden. Leber
induziert Kopforgane, so vor allem Vorderhirn, während Knochenmark als Chorda-Muskel-Induktor tätig ist, wobei im besonderen viel Muskulatur vom überlagernden Ektoderm geliefert
wird. Experimente mit Geweben erwachsener Vögel, Fische,
Molche und Mäuse führten zu ähnlichen Ergebnissen. Die wirk-
samen Stoffe lassen sich auch extrahieren, in Agarklötzchen auf-
fangen und mit diesen Trägern implantieren. Sie verlieren durch
das Extraktionsverfahren, in dem sie bestimmten physiologisch-

chemischen Einwirkungen ausgesetzt sind, ihr Induktionsvermögen nicht. Besonders aufschlußreich erweisen sich neuerdings Extrakte aus Hühnerembryonen. Mit einem recht anspruchsvollen Verfahren konnte aus 1 kg junger Embryonen 1 mg eines reinen Proteins gewonnen werden. Dieses Eiweiß induziert im Amphibienkeim mesodermale Organe, wie Muskulatur und Chorda der Rumpf-Schwanz-Gegend.

Wahrscheinlich sind für die Induktion des Vorderkopfes auch Proteine entscheidend, doch neigt man zur Ansicht, daß sie hier noch zusammen mit Ribonukleinsäuren (RNS) ein Komplexmolekül bilden müssen, um wirksam zu sein. Zwischen der Vorderhirn- und Rückenmarksregion liegt das Gebiet des Hinterhirns. Aus bestimmten Experimenten läßt sich schließen, daß in diesem „Zwischenreich" die Kopf- und Rumpforganisatoren zusammenwirken. Ein Stoffgefälle (Gradient) eines „Rumpfinduktors" würde nach vorn abfallend mit einem nach hinten auskeilenden Gradienten eines „Vorderkopfinduktors" überlappen. Und in diese Zwischenzone müßten die Qualitäten des Hinterhirngebietes induziert werden.

Noch ist viel Forschungsarbeit zu leisten, bevor man auch nur die stoffliche Seite der Induktionsvorgänge besser versteht. Aber selbst dann, wenn hier alles klar sein wird, bleiben viele ungelöste und schwierig zu ergründende Fragen offen: Wie geht es zu und her, wenn auf verschiedenartige chemische Reize hin die embryonalen Zellen so reagieren, daß entweder Augen oder Muskeln entstehen können? Offenbar müssen unterschiedlich induzierende Stoffe je verschiedene Sortimente von Genen aktivieren, so daß entweder das „Erbprogramm Auge" oder das „Erbprogramm Muskulatur" verwirklicht wird. In solche Geheimnisse vermag die Entwicklungsmechanik unserer Tage noch kaum einzudringen.

Linseninduktion und Hierarchie der Induktoren

Das Wirbeltierauge entsteht durch Zusammenfügen verschiedener Baumaterialien, die zunächst völlig getrennt angelegt werden. So sehen wir in Abb. 25a, daß die Zellen des künftigen Augenbechers im Hirnteil der Neuralplatte liegen, während entfernt davon die Linse aus einem Areal des Hautektoderms hervorgeht. Wie kommen diese Anlagen zusammen? Nach Bildung des Neuralrohres werden aus dem Zwischenhirn die paarigen Augenblasen seitlich vorgetrieben, bis sie das Hautektoderm berühren (*A* in Abb. 25 b). Anschließend senkt sich die einfache Augenblase zum doppelwandigen Augenbecher ein (c). Die dickere, dem Becherinnern zugewandte Schicht wird zur Netzhaut (*N*), während aus den Zellen der äußeren Becherwand die lichtabsorbierende Pigmentschicht (*P*) entsteht. Dort, wo die äußeren Ränder des Augenbechers an die Oberhaut stoßen, verdickt sich die Epidermis zur Linsenanlage (*L*). Die hier vereinigten Zellen lösen sich dann vom Mutterboden und werden in die Pupillenöffnung des Augenbechers verlagert, wo erst ihre Ausdifferenzierung zur glashell durchsichtigen Linse erfolgt (*L* in d und e).

Der Entwicklungsforscher, der nach Ursache und Wirkung fragt, möchte nun wissen, ob die Linse selbstdifferenzierend entstehen kann, oder ob ihre Bildung etwa durch den Augenbecher induziert wird. Für viele Wirbeltiere gelten folgende Experimentalbefunde: Wird ein embryonaler Augenbecher rechtzeitig entfernt, so entsteht auf der operierten Seite keine Linse, obgleich das linsenbildende Material intakt geblieben ist (schraffiert in Abb. 25 d, links). Ersetzt man andererseits das Areal, das normalerweise zur Linse würde, durch Rumpfepidermis, so reagieren diese ortsfremden Zellen über dem Augenbecher mit Linsenbildung. Schließlich ist ein unter die Rumpf- und Bauchhaut verpflanzter Augenbecher auch fähig, dort an fremder Stelle sich eine passende Linse zu induzieren.

Interessant sind überdies auch die Verhältnisse bei Cyklopen. Wenn das Kopfdarmdach gestört oder zu schwach ausgebildet ist, so entsteht auch ein geschwächtes Zwischenhirn. Nun werden nicht mehr zwei Augenblasen seitlich ausgestülpt, sondern es entsteht nur noch ein einziger mittelständiger Augenbecher (Abb. 25 e und Abb. 28 f). Dieses Stirnauge induziert jetzt an ungewöhnlicher Stelle eine Linse, während die seitlichen Linsenareale zu gewöhnlicher Haut werden.

So haben verschiedenartige Versuchsanordnungen zur Genüge bewiesen, daß der *Augenbecher* als *Induktor der Linse* wirkt. Merkwürdigerweise gibt es aber einige Amphibien — zu ihnen gehört

der Wasserfrosch —, bei denen eine Linse auch ohne Induktor,
also auch nach Entfernung des Augenbechers selbstdifferenzierend
entstehen kann.

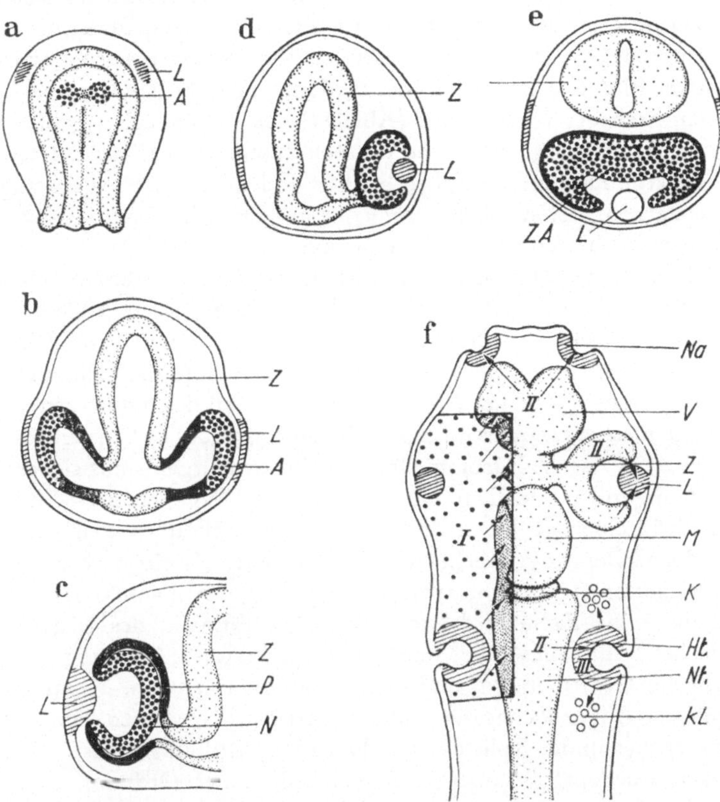

Abb. 25 a—f. Augenentwicklung, Linseninduktion und Hierarchie der Induktoren. a Lage des künftigen Augenbechermaterials (*A*) und des Linsenekto-
derms (*L*) in der Neurula. b Ausstülpung der Augenblasen (*A*) aus Zwischen-
hirn (*Z*). c Junger Augenbecher mit Netzhaut (*N*) und Pigmentschicht (*P*) hat
Linse (*L*) induziert. d Keine Linse links (schraffiert) nach Wegnahme des
Augenbechers. e Cyklopenauge (*ZA*) induziert Linse (*L*) an ungewöhnlicher
Stelle. f System der Induktoren; Urdarmdach (*I* grob punktiert) induziert Gehirnteile: *V* Vorderhirn, *Z* Zwischenhirn mit Augenbecher, *M* Mittelhirn,
K Kleinhirn, *Nb* Nachhirn. Hirnteile (*II* fein punktiert) induzieren Nase (*Na*),
Linse (*L*) und Hörblase (*Hb*), diese (*III* schraffiert) induziert später das knor-
pelige Labyrinth (*kL*) (e nach H. B. Adelmann)

Nun haben wir den Vorgang der Linseninduktion allzu vereinfacht dargestellt. Neuere Experimente zeigten, daß an diesem Prozeß drei zeitlich *gestaffelte Phasen* und auch drei verschiedene Aktionssysteme beteiligt sind. Bereits in der jungen Gastrula wirkt das Entoderm des Kopfdarmes stimulierend auf die spätere Linsenepidermis. In einer zweiten Phase, d. h. in der Spätgastrula, wird dieser Einfluß durch das Herzmesoderm verstärkt. Und erst nachdem nach der Neurulation (Abb. 25) der Augenbecher gebildet ist, kommt dieser klassische Linseninduktor zum Einsatz. Diese drei Aktionssysteme wirken additiv, indem sie sich gegenseitig verstärken. Es ist daher sehr wohl möglich, daß beim Wasserfrosch die beiden ersten Phasen genügen.

Induktionen über mehrstufige Phasen sind auch für die Nasenbildung und die Entwicklung der Hörblase nachgewiesen. Außerdem wissen wir heute, daß die induzierten Organe in vielen Fällen auf ihre Induktoren zurückwirken. So beeinflußt die Linse die Zellorganisation in der Netzhaut (Retina), die ja ein Teil des induzierenden Augenbechers war. Es ist dies ein Wechselspiel des Gebens und des Nehmens, das die Harmonie im entstehenden Organismus sichert.

Nun wollen wir die Induktionsbeziehung Augenbecher—Linse noch in einen größeren und allgemeineren Zusammenhang einordnen. Der Augenbecher ist nichts anderes als ein nach außen verlagerter Teil des embryonalen Zwischenhirns. Dieses aber verdankt seine Existenz der induzierenden Tätigkeit des Urdarmdaches. Ohne diesen organisierenden Induktor I. Ordnung gäbe es kein Gehirn (S. 79) und damit auch keine Augen. Wenn somit der Augenbecher die Bildung einer Linse bewirken kann, so tut er dies in der Rolle eines Induktors II. Ordnung; er ist selbst das „Geschöpf" des übergeordneten Induktors I. Ordnung. Auch andere Gehirnteile wirken als Induktoren II. Ordnung (Abb. 25 f). So induziert das Vorderhirn die Nasenbildung, und vom Nachhirn ausgehend wird in der Hautepidermis die Hörblase induziert. Diese entwickelt sich dann zum häutigen Labyrinth des Innenohrs. Dieses wiederum kann nun die Rolle eines Induktors III. Ordnung übernehmen und die umgebenden Zellen zur Bildung des knorpeligen Labyrinths veranlassen. Und schließlich wurde festgestellt, daß das Trommelfell auf einen Induktionsreiz hin entsteht, der vom knorpeligen Labyrinth (IV. Ordnung) ausgeht.

Derartig hierarchisch geregelte Folgen von Induktionsvorgängen, in denen Induktoren niedriger Ordnung ihre induzierenden Fähigkeiten je einem Induktor höherer Ordnung verdanken, leiten das in Raum und Zeit geordnete Erscheinen der Organanlagen im Embryo.

Ein Molch mit Froschmaul

Frisch geschlüpfte Amphibienlarven besitzen noch keine Beine. Sie können sich aber trotzdem festhalten. Die Kaulquappen der Froschlurche verankern sich an Pflanzen, Steinen oder gar am Oberflächenfilm des Wassers mit Hilfe eines Klebesekretes, das von einem napfförmigen Haftdrüsenpaar (*Hn*) (Abb. 26b) ausgeschieden wird. Bei den Larven der Schwanzlurche übernimmt ein schlanker Haftfaden (*Hf*) (Abb. 26a) die entsprechende Aufgabe. Später, wenn die Extremitäten aussprossen, werden diese frühlarvalen Haftorgane zurückgebildet. Bei Molchen und Salamandern wird das larvale Maul frühzeitig mit echten, harten Kieferzähnen (*Z*) besetzt. Dagegen sind die Kaulquappen der Frösche, Unken und Kröten lediglich mit oberflächlichen Hornkiefern (*Hk*) und mit feinen Hornstiftchen (*Hs*) ausgerüstet, die in typischen Reihen angeordnet sind.

Der Experimentator möchte etwas über die entwicklungsmechanischen Grundlagen erfahren, die zu solchen unterschiedlichen Haftorganen und Mundbewaffnungen führen. Eine besonders aufschlußreiche Versuchsanordnung ist in Abb. 27 dargestellt. Aus einer frühen Frosch- oder Unkengastrula (a) wird ein Stück künftige Bauch-, Rücken- oder Flankenepidermis herausgeschnitten und einem Molchkeim vorn in die spätere Mundregion eingepflanzt (b). Dabei interessieren uns zwei Fragen: Kann das ortsfremde Hautstück überhaupt die Bildung von Mundorganen übernehmen? Und wenn ja, wird jetzt frosch- oder molchgemäß gebaut oder kommt es zu Kompromissen? Das Ergebnis ist eindeutig. Die Abb. 27c zeigt eine kräftige Molchlarve, deren Mundregion von einem Froschimplantat besetzt ist. Wir sehen, wie ein durchaus typisches Kaulquappenmaul mit Hornkiefer (*Hk*), Hornstiftchen (*Hs*) und ausgedehnten Haftnäpfen (*Hn*) ausgebildet wurde. Auf der linken Seite fehlt überdies der Haftfaden, während ein solches molchtypisches Organ auf der vom Implantat nicht besetzten rechten Kopfseite vorhanden ist (*Hf*).

Werden die Rollen von Spender und Wirt vertauscht, so führt dies zu einem entsprechenden Befund. In Abb. 27d ist eine Unkenlarve gezeichnet, die im Implantationsgebiet einen Molch-Haft-

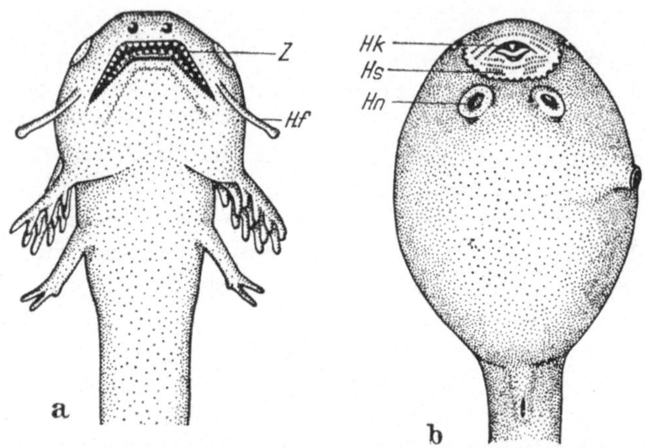

Abb. 26a u. b. Mundbewaffnung und Haftorgane bei a Schwanzlurchen (Molch), b Froschlurchen (Kaulquappe, Frosch). *Z* Zähne, *Hf* Haftfaden, *Hk* Hornkiefer, *Hs* Hornstiftchen, *Hn* Haftnäpfe

faden (*Hf*) trägt. Falls die eingepflanzten Molchzellen auch die Mundregion bedecken, werden an Stelle von Hornbildungen echte Kieferzähne entstehen.

Fragen wir jetzt, wie solch merkwürdige Entwicklungsleistungen zustande kommen. Erstens kann die fremde Bauchepidermis auf einen organisatorischen oder induktiven Einfluß ortsgemäß reagieren. Sie wird zur Bildung von Mundbewaffnung und Haftorganen veranlaßt. Dabei staunen wir darüber, daß und wie gut die Froschhaut den vom Molchwirt ausgehenden Bauauftrag versteht. Außerdem sehen wir wiederum, wie Induktoren weit über ihre eigene Art hinaus erfolgreich wirken (S. 67). In der Ausführung der übertragenen Aufgabe aber bleibt das Froschimplantat seiner eigenen Art treu. Die Parole „Mundbewaffnung" wird mit

hornigen Kiefern und Stiftchen beantwortet. Und der induktive
Anstoß, der auf Haftorgane hinzielt, führt nicht wie beim Wirt
zu Haftfäden, sondern zu froschgemäßen Haftnäpfen.

Im Reaktionssystem wird offensichtlich der Rahmen des Art-
gemäßen nicht gesprengt. Dies beruht darauf, daß Zellen in der
Regel nur solche Entwicklungsrichtungen einschlagen können,

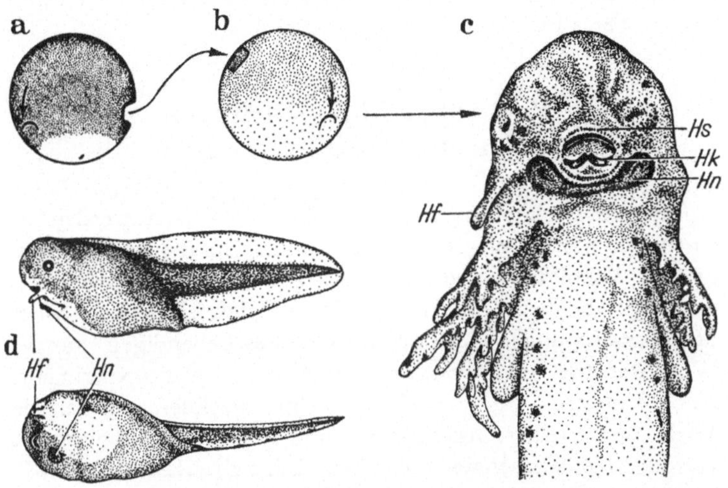

Abb. 27a—d. a Froschgastrula als Spender eines Stückes Bauchektoderm.
b Molchwirt trägt das Implantat in späterer Mundregion, Pfeil auf oberer Urmundlippe. c Molchlarve mit Froschmund (*Hs* Hornstiftchen, *Hk* Hornkiefer)
und Haftnäpfen (*Hn*); Haftfaden (*Hf*) der Molchlarve. d Unkenlarve mit hel-
lem Implantat aus Molchkeim, das Haftfaden (*Hf*) gebildet hat. *Hn* Haftnapf
der Unke (c nach E. Rotmann; d nach O. Schotté)

die in der Spezifität ihrer Erbsubstanz vorbestimmt sind. Es sind
die Gene der Hautzellen, die über Haftfaden oder Haftnapf, über
Hornkiefer oder Kieferzähne entscheiden. Die Gene werden durch
den fremden Wirt nicht verändert, und auch ihre Wirkung bleibt
autonom. Damit sind wir einer allgemeinen Gesetzmäßigkeit begegnet: die *erbbedingte Individualität der Zellen* läßt sich nicht über-
winden. Wird etwa die embryonale Beinknospe eines Kamm-
molches mit Fadenmolch-Ektoderm überzogen, so entsteht ein
chimärisches Bein, auf dem sich eine typische Fadenmolchhaut
entwickelt. Diese behält ihre Eigen-„Art" auch über die Meta-

morphose hinaus, wird also nie wirtsgemäß umgestimmt, verschwindet aber später meist infolge einer Unverträglichkeitsreaktion (S. 84). Solche autonome und erbbedingte Zellindividualität ist im übrigen auch dafür verantwortlich, daß beim Menschen und anderen Warmblütern verpflanzte Hautstücke oder Organe von fremden Spendern nicht „halten". Sie werden vom Wirt so lange bekämpft, bis sie abgestoßen oder eingeschmolzen sind. Ein schweres Handicap für die Chirurgie!

Von doppelköpfigen Wesen und anderen Mißbildungen

Auf Jahrmärkten und anderen Rummelplätzen werden gelegentlich Kälber mit zwei Köpfen und sechs Beinen zur Schau gestellt. Mißbildungen verschiedenster Art treten bei allen Tieren und auch beim Menschen auf. Dem Laien erscheinen solche Monstren als unheimliche Spielformen des Lebendigen. Für den Wissenschaftler aber bedeuten sie interessante Naturexperimente, deren Entstehung er verstehen möchte. Nachdem wir mit der Wirkungsweise der Organisatoren und Induktoren einigermaßen vertraut sind, können wir versuchen, einige charakteristische Mißbildungen zu erklären. Dabei stützen wir uns auf experimentelle Erfahrungen.

Wir schnüren einen Molchkeim im frühen Gastrulastadium hantelförmig so ein, daß die Haarschlinge das Organisationszentrum symmetrisch halbiert (Abb. 28a). Dann wird das Urdarmdachmaterial gezwungen, auf zwei getrennten Bahnen nach innen und vorn einzuwandern. So werden beide Schnürhälften mit Kopforganisator versorgt. Dagegen kann der später einrollende Rumpf-Schwanz-Organisator ungeteilt unter der Schlinge seinen ursprünglichen Zusammenhang bewahren. Die beiden auseinanderstrebenden Teile des Kopforganisators induzieren dank ihrer Regulationsfähigkeit im Ektoderm je eine ganze und normale Gehirnplatte (b). Nach hinten laufen diese Anlagen in eine einheitliche Rückenmarksplatte zusammen. Dieser Experimentalkeim entwickelt sich zu einem lebensfähigen Wesen mit zwei wohlgestalteten Vorderteilen, die auf einem gemeinsamen Hinterrumpf sitzen (c). In der Gelehrtensprache wird eine solche vordere Verdoppelung als *Duplicitas anterior* bezeichnet. Vor einigen Jahren wurde in Rußland „ein" (?) Menschenkind geboren, das im Prinzip gleich organisiert war wie die in Abb. 28c dargestellte Molchverdoppelung. Die beiden Köpfe zeigten dabei weitgehende Selb-

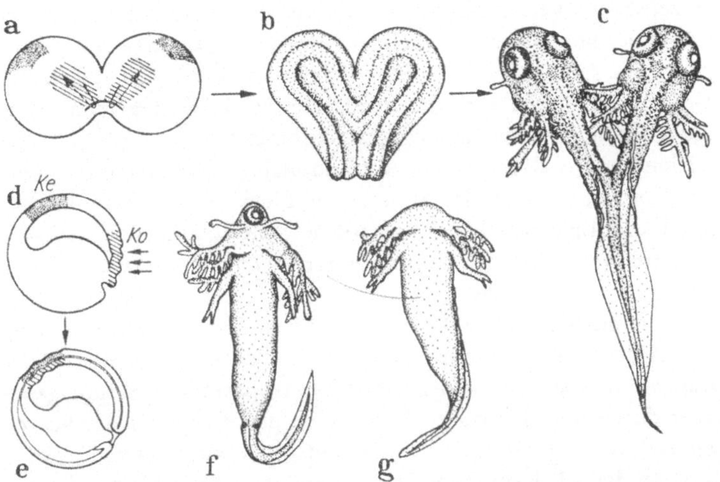

Abb. 28a—g. Mißbildungen bei Amphibien. a Symmetrische Einschnürung einer Molch-Frühgastrula, Organisatorbereich schraffiert, Pfeile geben Richtung des einwandernden Kopforganisators an, Kopfektoderm punktiert. b Vordere Verdoppelung im Neurulastadium und c im Larvenstadium. d Verminderung oder Schädigung (Pfeile) des Kopforganisators (*Ko*) zu Beginn der Gastrulation (*Ke* Kopfektoderm). e Schwache Induktionsleistung (punktiert) durch geschwächten Kopforganisator (schraffiert) führt zur Cyclopie (f) oder zum Ausfall des Vorderkopfes (g, Anencephalie) (c nach H. Spemann, f nach H. B. Adelmann)

ständigkeit: es kam vor, daß der eine weinte, während der andere zufrieden schlief. Im Alter von 13 Monaten starb diese Duplicitas an einer Infektionskrankheit.

Es ist leicht einzusehen, daß ein Keim auch so „operiert" werden kann, daß der Kopforganisator intakt bleibt, daß aber das hintere Rumpfdarmdach gespalten wird. Dies muß zu einer hinteren Verdoppelung *(Duplicitas posterior)* führen, d. h. zu einem Tier mit vier Hinterbeinen und zwei Schwänzen. Sodann kann sowohl eine hintere wie eine vordere Spaltung mehr oder weniger tief eingreifen. Es mögen dann nur die äußeren Teile des Kopfes oder nur die Schwänze verdoppelt sich ausbilden. Schließlich kann die Trennung vorn und hinten so weit gehen, daß zwei vollständige Individuen nur noch in einem begrenzten Gebiete des Rumpfes zusammenhängen. Als Siamesische Zwillinge werden sie zeitlebens verbunden bleiben. Von hier aus gesehen erscheinen jetzt die normalen eineiigen Menschenzwillinge als schön gelungene Glücksfälle von Doppelbildungen, bei denen sich die zum harmonischen Ganzen aufregulierten Teilkeime rechtzeitig und vollständig voneinander lösen konnten.

Eine andere Gruppe von Mißbildungen entsteht dann, wenn der Kopforganisator defekt ist oder nicht richtig funktioniert. Der Experimentator kann eine solche Schwächung oder Schädigung mit verschiedenen Eingriffen erreichen (Abb. 28d). Er kann aus der oberen Urmundlippe ein großes Stück des Kopforganisators herausschneiden. Dann bilden die randlichen Reste nur noch ein verkleinertes Kopfdarmdach. Zu ähnlichen Minderleistungen muß es kommen, wenn der besonders empfindliche Kopforganisator durch Strahlen oder Chemikalien geschädigt wird. Die geschwächten Organisatoren werden entweder nicht richtig einwandern, so daß die Kopffront nur ungenügend besiedelt wird, oder sie unterlagern wohl die Hirnregion, doch bleibt ihre induzierende Wirkung mangelhaft (Abb. 28e). Über den geschwächten und defekten Kopforganisatoren kann nur eine verkleinerte Gehirnanlage entstehen. So werden alle Stufen der Kleinköpfigkeit *(Mikrocephalie)* bis zum völligen Fehlen des Vorderkopfes *(Anencephalie,* Abb. 28g) beobachtet. Recht häufig bleibt die Zwischenhirnregion unterentwickelt. Dann reicht das Material nicht aus zur Bildung von zwei normal großen Augenblasen. Die Augäpfel werden dann verkleinert entwickelt *(Mikrophthalmie),* und nicht selten sind sie einander stark genähert oder gar teilweise verschmolzen *(Synophthalmie).* Ist der Materialmangel noch größer, so kommt es zur Einäugigkeit, wobei das *Cyklopen*auge (Abb. 28f und Abb. 25e) in der Mitte der Stirne steht. Wahrscheinlich wurden die Cyklopensagen der Griechen durch Erfahrungen mit einäugigen Mißbildungen angeregt.

Nun sind allerdings nicht alle Mißbildungen des Kopfes als Organisatordefekte zu deuten. Gelegentlich dürfte auch das Re-

aktionssystem versagen, wobei das Ektoderm nicht fähig wäre,
auf einen an sich normalen Induktionsreiz vollwertig anzuspre-
chen. Und schließlich können auch normal induzierte und groß
angelegte Gehirne und Augen noch nachträglich verkümmern.
Dazu ein Experimentalbefund: einem fortgeschrittenen Molch-

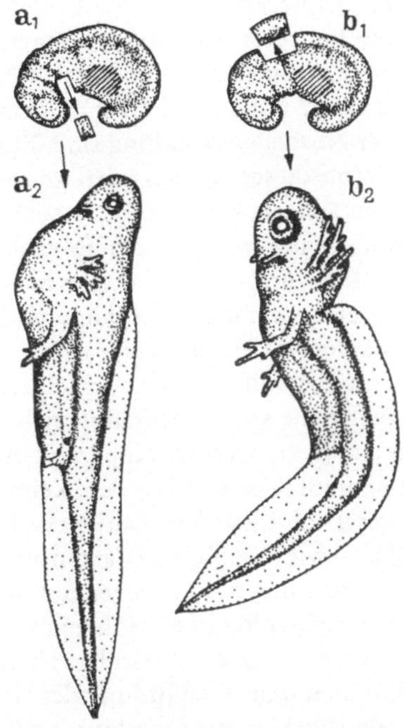

Abb. 29a u. b. Einfluß der Nährstoffversorgung auf das Augenwachstum beim
Alpenmolch. a Entfernen der Herzanlage. b Dorsaler Defekt als Kontrolle
(nach E. Hadorn und P. Walder)

embryo wird die Herzanlage herausgeschnitten (Abb. 29a). Dieser
Eingriff verhindert die spätere Blutversorgung des Vorderkopfes
und der Augen. Damit ist aber auch die Zufuhr von Nährstoffen
aus dem dotterreichen Entoderm der Bauchregion abgeschnitten
(schraffiert). Die zunächst normal angelegten Augen reagieren
besonders empfindlich auf diesen Mangel. Sie stellen das Wachstum ein, und ihr Gewebe beginnt zu degenerieren. So kommt es
trotz primär normaler Induktorfunktion zu einer typischen Klein-

äugigkeit (a 2). Werden dagegen im gleichen Stadium Stücke aus der Rückenregion entfernt (b 1), so bleibt die Nährstoffversorgung unbehindert, und das Auge erreicht die normale Größe (b 2). Der operative Unterbruch im embryonalen Rückenmark führt allerdings zu einer Wachstumsabnormität: der Hinterrücken wird nach unten abgekrümmt *(Kyphose)*.

Soweit haben wir Beispiele von Mißbildungen kennengelernt, wie sie durch äußere Eingriffe ausgelöst wurden. Daneben kommt es bei allen Lebewesen auch zu Fehlentwicklungen, die erbbedingt sind. An der Normalentwicklung sind Tausende von Erbfaktoren beteiligt. Von diesen Genen wird gelegentlich das eine oder andere sich verändern, oder es kann auch ganz verlorengehen. Solche Mutationen wirken sich in der überwiegenden Mehrzahl fatal aus. Ihre Träger sterben sehr häufig während der Entwicklung, weil lebenswichtige Vorgänge und Organe fehlen oder falsch funktionieren *(Letalfaktoren)*. Andere erbgeschädigte Individuen wachsen auf zu mißbildeten oder allgemein geschwächten Geschöpfen. Falls eine solche Mutation sich im Substrat des Kopforganisators auswirkt, werden Kopf und Augen in durchaus ähnlicher Weise mißbildet wie bei den Keimen der Abb. 28, die experimentell geschädigt wurden. Zahlreiche Erbfaktoren sind sodann bekannt, die — wie in Abb. 29 — erst nach der Induktionsphase zu Wachstumsstörungen und Degeneration in der Augenanlage führen. So verschwinden bei Höhlenfischen die embryonalen Augen mehr oder weniger vollständig. Hier wird allerdings die erbbedingte Blindheit ohne Gefährdung der Lebenstüchtigkeit ertragen. Eine lokale Blockierung der Blutversorgung trifft lediglich die Augenregion.

Mißbildungen erregen unser Staunen, und der fabulierenden Phantasie dienen sie als geheimnisvolle Motive. Dabei vergessen wir allzu oft, daß das eigentlich Wunderbare nicht das Abnorme ist, sondern die harmonische Gestalt, wie sie aus dem Ei vor unseren Augen sich entwickelt. Und eben darüber müßten wir staunen, daß dieser unerhört anspruchsvolle Weg zur Norm nicht häufiger verlassen wird. Gewiß können — wie wir eben sahen — äußere Schäden wie auch Genmutationen zur Mißgestalt führen. Im wesentlichen aber ist die Normalentwicklung der Lebewesen gegen zahllose Fehlmöglichkeiten großartig abgesichert.

Chimären, Parabiosen und Geschlechtsentwicklung

Die klassische Chimäre der griechischen Mythologie ist ein Ungeheuer, vorn Löwe, in der Mitte Ziege, hinten Drache. Kentaur, Sphinx, Minotaurus und Sirene sind weitere Fabelwesen, die im Tierbuch des Naturwissenschaftlers nicht existieren. Um so erstaunlicher mag es daher erscheinen, daß echte chimärische Geschöpfe heute im Laboratorium des Entwicklungsforschers zusammengefügt werden. Dazu sind die Keime der Amphibien vorzüglich geeignet.

Wir halbieren zum Beispiel je eine Spätgastrula des Alpenmolches und des Fadenmolches so, daß gleich große Vorder- und Hinterstücke entstehen. Dann tauschen wir die Vorderhälften aus und pressen sie in einem Operationsbett an die artfremden Hinterhälften. Der Alpenmolchkeim ist etwas größer und dunkler pigmentiert als die Gastrula des Fadenmolches (Abb. 30a 1 und b 1). In einer knappen halben Stunde sind die Stücke zu einem neuen Ganzen zusammengeheilt, und dies auf Lebenszeit. Solche Artchimären wachsen, wenn geschickt operiert wurde, zu lebenstüchtigen Larven heran, denen häufig auch die Metamorphose zum Landtier gelingen kann. Ein schön gelungenes Chimärenpaar ist in unseren Abbildungen 30a 2 und b 2 dargestellt. Wir sehen links (a 2) den massigen Vorderkörper und den viel zu großen Kopf des Alpenmolches auf dem kleinen Fadenmolchrumpf. Beim Austauschpartner (rechts, b 2) sitzt der kleine Fadenmolchkopf auf dem Alpenmolchrumpf. Die Artzugehörigkeit der Körperhälften ist durch das Farbmuster deutlich markiert.

Auch Längschimären gelingen (c 1). In der Abb. 30c 2 fallen auf der rechten Körperseite die langen kräftigen Alpenmolchbeine auf, links (in der Bauchansicht rechts) sehen wir kürzere schlanke Beine der kleineren Fadenmolchart. So stellen wir fest, daß die zur chimärischen Einheit vereinigten Körperhälften weitgehend unbeeinflußt, also autonom, d. h. gemäß ihrer zelleigenen Erbkonstitution wachsen und ihre *arttypischen Merkmale* verwirklichen.

Nachdem wir wissen, wie schlecht sich fremde Zellen bei Mensch und Säugetier vertragen, selbst wenn sie von der Mutter auf das Kind oder auf Geschwister verpflanzt werden, muß es uns

wundern, daß bei Amphibien sogar Artchimären ohne Schwierig-
keiten aufwachsen. Doch ist auch ihnen in der Regel kein dauernder Friede beschieden!

Kurz nach der Metamorphose erkrankt meist in unseren Chimären der Fadenmolchteil. Feine Blutgefäße platzen, es treten

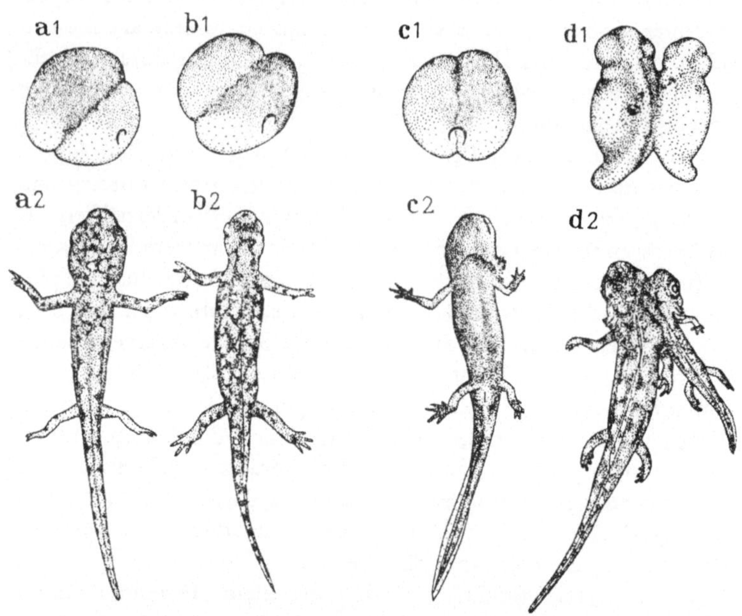

Abb. 30a—d. Chimären und Parabiose. a 1—d 1 Operationsstadien; größerer
Anteil Alpenmolch, kleinerer Fadenmolch. a 2 Alpenmolch vorn, Fadenmolch
hinten. b 2 Vorderteil Fadenmolch, Hinterteil Alpenmolch. c 1 Operation zur
Längschimäre. c 2 Längschimäre von unten; rechte Körperseite Alpenmolch,
linke Fadenmolch. d 1 Verheilung zur Parabiose. d 2 Parabiosepaar: links
Alpenmolch, rechts Fadenmolch (nach E. Hadorn und H. Rutz)

Lähmungen auf, schließlich zerfällt das Gewebe, und damit ist
auch die Chimäre als Ganzes zum Absterben verurteilt. Was führt
zu dieser fatalen Veränderung? Mit der Wandlung zum Landtier
entstehen in der Alpenmolchhaut Drüsen, die artspezifische Stoffe
produzieren, die offenbar für den Fadenmolchpartner tödlich
wirken. Diese Gifte werden durch die gemeinsame Blutbahn überall verbreitert. Die *Unerträglichkeitskrise* läßt sich besonders klar

mit einer weiteren Versuchsanordnung studieren, die wir jetzt noch vorstellen möchten (Abb. 30d 1).

Wir operieren diesmal im fortgeschrittenen Schwanzknospenstadium. Den zu vereinigenden Partnern wird auf der Körperflanke ein kleines Ektodermstück herausgeschnitten. Dann pressen wir die Keime so aneinander, daß die Wundflächen sich berühren. Hier verwachsen die beiden Individuen rasch zu einem dauernden Zwiegespann. Sie führen von jetzt an ein gemeinsames Leben; sie sind zur *„Parabiose"* vereinigt. Stoffe können von einem zum anderen diffundieren, und später kreist das Blut des einen auch im Körper des anderen. So ist es möglich, daß beide Tiere auch dann normal wachsen, wenn nur das eine Maul gefüttert wird und nur ein Darm Nahrung aufnimmt. Unsere Abb. 30d 2 zeigt ein Parabiosepaar: links der große Alpenmolch, rechts der Fadenmolch. Wiederum hat sich hier eine artgemäße Wachstumsautonomie durchgesetzt. Der Fadenmolch ist klein geblieben, obgleich er durch den gemeinsamen Blutstrom ebenso reichlich ernährt wurde wie sein größer wachsender Alpenmolchpartner.

Parabiosekombinationen eignen sich zur Untersuchung zahlreicher Fragen. So läßt sich bei nichtharmonierenden Verbindungen der Beginn und Verlauf von Unverträglichkeitskrisen verfolgen. Wie bei Quer- und Längschimären erkrankt in unserem abgebildeten Paar der Fadenmolch kurz nach der Metamorphose tödlich und reißt damit auch seinen Partner ins Unglück. Besonders aufschlußreich wurden Parabioseexperimente für das Studium der *Geschlechtsentwicklung*. Was geschieht, wenn ein männlicher mit einem weiblichen Keim vereinigt wird? Nun lassen sich zunächst im Operationsstadium keine Geschlechter feststellen, weil die unterscheidenden Organe noch gar nicht angelegt sind. Durch die Chromosomen der Zellkerne ist zwar das spätere Geschlecht bereits vorbestimmt. Doch sind bei Amphibien die geschlechtsbestimmenden Chromosomen an keinen besonderen Merkmalen der Form und Größe zu erkennen. Sie unterscheiden sich im mikroskopischen Bild nicht von den übrigen Chromosomen (Autosomen, vgl. Abb. 34). Der blind kombinierende Experimentator wird aber nach den Regeln der Wahrscheinlichkeit in rund 50% der Fälle ein genetisches Männchen mit einem Weibchen verbinden. Gehören beide Partner der gleichen Art an, so wird das erbmäßig zum Weibchen bestimmte Tier meist vollkommen vermännlicht. Die embryonale Keimdrüse, die ohne experimentellen Eingriff sich zu einem Eierstock entwickelt hätte, wird jetzt zu einem Hoden, und an Stelle des Eileiters wird ein Samenleiter ausgebaut. Eine solche Umwandlung wird durch Stoffe bewirkt, die vom Hoden des Partners ausgehen. Diese Sexualhormone diffundieren zuerst über die verbindenden Embryonalgewebe; später werden sie durch die gemeinsame Blutbahn überall verbreitet.

Nun läßt sich aber auch eine gegensinnige Umwandlung verwirklichen, und zwar dann, wenn der weibliche Keim einer rascher und größer wachsenden Amphibienart zugehört als der männliche. Jetzt dominieren die weiblichen Sexualstoffe, die nun einer zum Hoden bestimmten Keimdrüse eine Entwicklung zum Eierstock aufzwingen.

Solche Experimente an Amphibien helfen uns das Ergebnis eines altbekannten Naturexperimentes verstehen. Der Bauer weiß auf Grund einer jahrhundertealten Erfahrung, daß bei Rinderzwillingen neben einem Stierkalb nie ein normales Kuhkalb geboren wird. Zu erwarten wären — wiederum nach dem Zufallsspiel der Wahrscheinlichkeit — in 50% der Zwillingsgeburten ein Bruder-Schwester-Paar. Doch wird, ähnlich wie in der Amphibienparabiose, auch hier das genetisch weibliche Individuum vermännlicht. Allerdings bleibt beim Rind die Umwandlung halbwegs stecken. Es entwickelt sich ein Geschöpf, das zwischen den Geschlechtern steht. Solche „*Intersexe*" nennt der Bauer Zwicken. Sie zeigen in breiter Variabilität und mit gleitendem Übergang ein Mosaik von Organen, von denen die einen noch fast weiblich, die anderen beinahe ganz männlich sind. Die Zwicken sind stets steril, eignen sich also nie als Zuchttiere.

Diese Umwandlung wird verständlich, wenn wir die Verhältnisse studieren, unter denen die Rinderzwillinge im Mutterleibe aufwachsen (Abb. 31). Beide Embryonen treten mit ihrem Mutterkuchen (Placenta) in Kontakt mit der Gebärmutterwand (Uterus) der Mutter. Auf der Placenta entstehen saugnapfartige Höcker (Kotyledonen), die in entsprechende Vertiefungen des Uterus eintauchen. Hier werden Atemgase ausgetauscht und Nährstoffe aufgenommen. Wie unsere Abb. 31 zeigt, verwachsen nun die beiden Placenten der Zwillinge; dabei kommt es auch zu einer Fusion der embryonalen Blutgefäße, welche die Placenta reichlich versorgen. So sehen wir, wie bei dem abgebildeten Zwillingspaar eine große Arterie (*Ar*) eine gemeinsame Blutverbindung herstellt.

Solche Kommunikationen führen dazu, daß das Blut des einen Kindes auch im Körper des anderen kreist, und damit können auch

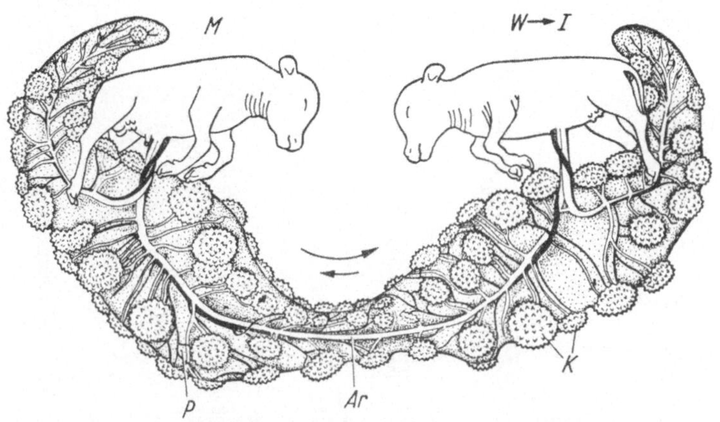

Abb. 31. Natürliche Parabiose bei Rinderzwillingen. *M* Männchen mit sichtbarem Hodensack. *W* Weibchen wird zum Intersex (*I*), *P* Placenta (Mutterkuchen), *K* Kotyledonen; *Ar* Arterie (hell) verbindet die beiden Kreislaufsysteme; die Venen sind dunkel gezeichnet (nach F. R. Lillie)

die Hormone des einen auf die Organentwicklung des anderen einwirken. Sind nun die männlichen Sexualstoffe stärker und früher aktiv, so beeinflussen sie die Geschlechtsentwicklung des Kuhkalbes, und damit wird dieses zum Intersex. Es ist ein Glück, daß bei menschlichen Schwangerschaften nichts Ähnliches passiert. Eine Zwillingsschwester kann sich völlig normal neben ihrem Bruder entwickeln, und dies selbst dann, wenn gelegentlich Verbindungen zwischen den embryonalen Kreisläufen nachzuweisen sind. Warum das Menschenkind, nicht aber das Kuhkälblein in einer Zwillingsschwangerschaft gegen hormonale Störungen gesichert ist, bleibt vorläufig ein Rätsel.

Doch versuchen wir jetzt, zu begreifen, wie es möglich sein kann, während der Entwicklung noch eine *Geschlechtsumwandlung* zu erreichen. Primär wird das spätere Geschlecht durch die Gene der Chromosomen im Zeitpunkt der Befruchtung bestimmt. Beim Menschen z. B. enthält die reife Eizelle 22 gewöhnliche Chromosomen (Autosomen) und ein mittelgroßes X-Geschlechtschromosom. Das Spermium bringt ins Ei hinein ebenfalls 22 Autosomen, außerdem aber entweder ein X-Chromosom oder ein

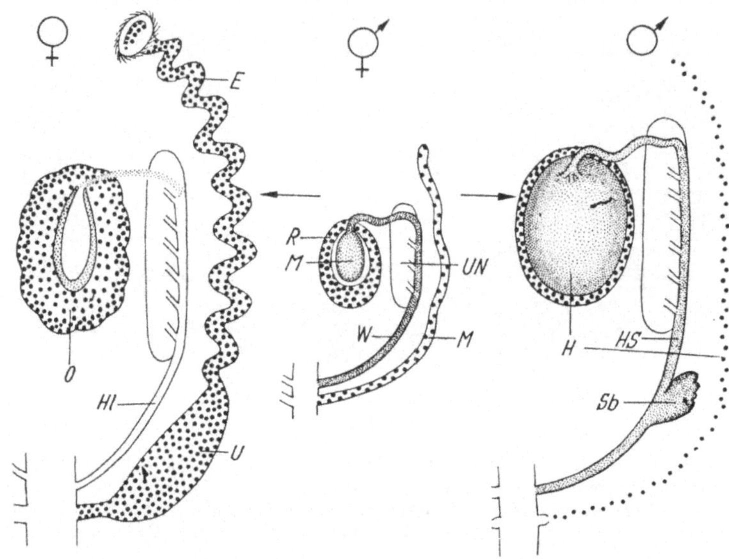

Abb. 32. Zweigeschlechtige Embryonalanlage des Geschlechtsapparates bei Amphibien (in der Mitte) mit Mark (*M*), Rinde (*R*), Wolffscher Gang (*W*), Müllerscher Gang (*M*), Urniere (*UN*). Links Entwicklung zum Weibchen: *O* Ovar, *E* Eileiter, *U* Uterus, *HI* Harnleiter. Rechts Entwicklung zum Männchen: *H* Hoden, *HS* Harnsamenleiter mit Samenblase (*Sb*). Weibliche Anlagen und Organe grob punktiert; männliche Anlagen und Organe fein punktiert

kleines Y-Chromosom. Die eine Kombination 44 + XX wird zum Mädchen, die andere Kombination 44 + XY zum Knaben.

Trotz dieser chromosomal bestimmten Vorentscheidung beginnt jedes Wirbeltier seine Entwicklung als Zwitterwesen, indem im Embryo zunächst nebeneinander die Anlagen für beide Geschlechter entstehen. So sehen wir in der embryonalen Keimdrüse einen Markteil, der von einem Rindenteil umgeben ist (Abb. 32 in der Mitte). Dort, wo die männlich bestimmenden Gene das

Übergewicht haben, entwickelt sich das Mark zum Hoden (H rechts); ein genetisch bestimmtes Weibchen wird dagegen die Rinde zum Eierstock (Ovar) ausbauen (O links). Aber auch die Geschlechtswege, d. h. die Ausführgänge für die Keimzellen, werden für beide Möglichkeiten angelegt. Neben dem männlichen Wolffschen Gang (W) entsteht ein weiblicher Müllerscher Gang (M). Sobald nun infolge der unterschiedlichen Genwirkung entweder die Rinde oder das Mark die Oberhand gewinnt, gehen von diesen Ovar- oder Hodenanlagen hormonartige Stoffe aus, die auf die Geschlechtswege einwirken. Dabei fördert das Mark den Wolffschen Gang. Er wird zum späteren Samenleiter. Bei Amphibien hat er auch noch den Harn aus der Urniere (UN) aufzunehmen, so daß dieser Gang beim Männchen als Harnsamenleiter funktioniert (HS). Die Rinde dagegen regt den Müllerschen Gang zu weiterem Wachstum an; dieser entwickelt sich zum Eileiter (E) und Uterus (U). Das Aufblühen der männlichen Organe ist vom Untergang der weiblichen Anlagen begleitet. Beim Männchen geht die Rinde bis auf spärliche Reste zurück, und vom Müllerschen Gang bleiben auch nur Spuren zurück. Im Weibchen verschwindet das Mark und die embryonale Verbindung zwischen der Keimdrüse und der Urniere. Der Wolffsche Gang aber kann bei Amphibien nicht geopfert werden, da er als Harnleiter (HI) unentbehrlich bleibt. Bei Säugetieren, wo die embryonale Urniere als Ausscheidungsorgan nur vorübergehende Bedeutung hat, weil eine neue Niere (Nachniere) mit eigenem Harnleiter entsteht, kann sich im weiblichen Geschlecht der Wolffsche Gang ganz zurückbilden. Im männlichen Säuger bleibt dagegen der Wolffsche Gang erhalten. Er übernimmt als Samenleiter den Transport der Spermien aus dem Nebenhoden. Dieses Organ entwickelt sich aus der embryonalen Urnierenanlage.

Die doppelgeschlechtige Anlage und Reaktionsmöglichkeit der Wirbeltiere läßt verstehen, daß das chromosomale Geschlecht durch mannigfache innere und äußere Einflüsse mehr oder weniger weitgehend modifiziert und verschoben werden kann. Auf dieser „zweideutigen" Grundlage vollziehen sich auch die Geschlechtsumwandlungen in der Parabiose. Auf Grund zahlreicher Befunde und experimenteller Erfahrungen kommt man zur Einsicht, daß die Unterschiede zwischen männlich und weiblich nicht auf einer absolut abgrenzenden „Entweder-Oder-Entscheidung" beruhen kann. Geschlecht bedeutet stets ein „Mehr oder Weniger", wobei die beiden als Norm geltenden Grenzzustände durch intersexuelle Zwischenstufen aller Grade verbunden sein können. Das Ausmaß der Rückbildung der gegengeschlechtigen Anlagen kann jedenfalls von Individuum zu Individuum stark variieren.

Das Krötenmännchen als Mutter

In der geschlechtsreifen männlichen Kröte (Abb. 33a) findet sich, eng am Hoden anliegend, eine offenbar funktionslose Gewebemasse, die als „Biddersches Organ" (B) bezeichnet wird. Außerdem fällt auf, daß der embryonale Eileiter (eE) zeitlebens erhalten bleibt. Werden einem solchen Tier die Hoden herausoperiert, so führt diese Kastration zu einer eindrucksvollen Geschlechtsumwandlung (Abb. 33b). Das Biddersche Organ entwickelt sich rasch zu einem funktionstüchtigen Eierstock (O), gleichzeitig schwillt auch der Eileiter (E) mächtig an. Und damit ist ein ehemaliges Männchen, das schon als Vater Kinder gezeugt hatte, nun befähigt, die Rolle eines Weibchens zu übernehmen. Dies ist möglich, weil mit der Entwicklung des Eierstockes sich das Hormonmilieu so ändert, daß auch die Paarungsinstinkte in die weibliche Stimmung umschlagen. Ein solches *„Neoweibchen"* kann man mit einem normalen Männchen paaren. Aus der ungewöhnlichen Verbindung zwischen zwei genetischen Vätern gehen normal aufwachsende Kinder hervor. Die durch Kastration bewirkte Umkehr ist nach dem, was wir erklärt haben (Abb. 32), leicht zu verstehen: Das Biddersche Organ ist eben nichts anderes als die nicht völlig zurückgebildete Rinde der embryonalen Keimdrüse. Wird der dominierende Hoden entfernt, so fällt eine Hemmwirkung weg, und jetzt kann sich der noch erhaltene Rindenteil der Keimdrüse zum Eierstock entwickeln. Da überdies beim Krötenmännchen auch die Anlagen der Eileiter erhalten bleiben, ist eine vollkommene Geschlechtsumkehr selbst beim älteren und erwachsenen Männchen möglich.

An Frühstadien der Amphibien läßt sich die Umstimmung des chromosomal vorgesehenen Geschlechtes mit den verschiedensten

Methoden erzielen. Die Parabiose haben wir bereits kennengelernt. Es genügt aber auch, einem genetisch weiblichen Keim eine Hodenanlage zu implantieren; auch dann erfolgt im Wirt die Entwicklung zum Männchen. Schließlich kann man Amphibienkeime und frühe Larvenstadien ganz einfach in einem Wasser auf-

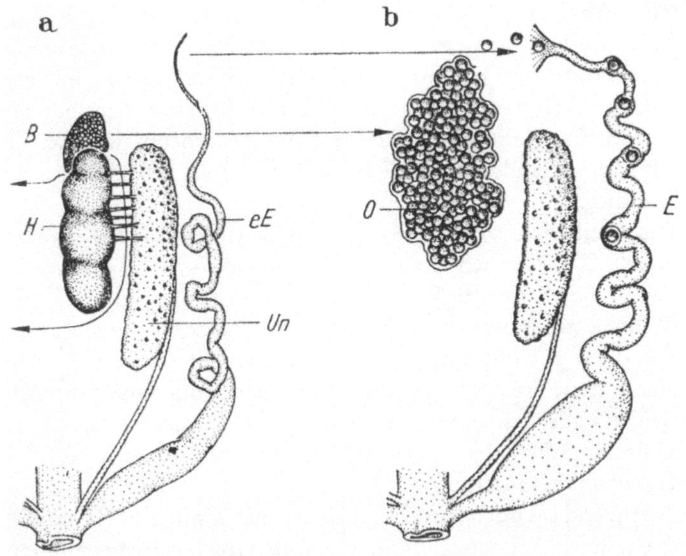

Abb. 33a u. b. a Geschlechtsapparat einer männlichen Kröte. Der Hoden (*H*) wird herausoperiert (Pfeile nach links), *B* Biddersches Organ, *eE* erhaltener Eileiter, *Un* Urniere. b Erfolg der Operation: das Biddersche Organ hat sich zum funktionierenden Ovar (*O*) entwickelt; Eileiter (*E*) und Uterus sind stark herangewachsen

ziehen, dem Sexualhormone zugesetzt sind. So gewinnt man die Umwandlungstiere in größeren Serien.

Neomännchen und Neoweibchen können, wie eben am Beispiel der operierten Kröte gezeigt wurde, zu Kreuzungen zwischen „Gleichgeschlechtigen" benutzt werden. Uns interessieren jetzt die Kinder aus solchen „homosexuellen" Paarungen. Wie steht es mit dem Geschlecht der Nachkommenschaft zweier genetischer Weibchen oder zweier Männchen? Um diese Frage zu verstehen, müssen wir kurz einige *Grundlagen der Geschlechtsbestimmung* erläutern. Bei den meisten Tieren entstehen ungefähr gleich viel Männchen wie Weibchen. Dieses Verhältnis wird durch die Geschlechtschromosomen gesichert. Dabei sind zwei Verfahren üblich. Bei Fliegen, Wanzen, Heuschrecken und Säugetieren sind dem weiblichen Geschlecht neben den Autosomen je zwei X-Chromosomen, dem Männchen ein X-Chromosom und ein Y-Chromosom zugeteilt (Abb. 34a). Daher bildet das Weibchen bei der Reifung der Keimzellen (Gameten) nur eine Sorte von Eiern (E), die alle ein X-Chromosom enthalten, während vom Männchen mit gleicher Häufigkeit zwei Sorten von Spermien (Sp) bereitgestellt werden, von denen die einen mit dem X-Chromosom weiblich bestimmend, die anderen mit dem Y-Chromosom männlich bestimmend sind.

Das Weibchen wird daher bei diesen Tieren als das *„homogametische"*, das Männchen als das *„heterogametische" Geschlecht* bezeichnet. Bei Schmetterlingen und Vögeln funktioniert die Geschlechtsbestimmung nach einem entsprechenden Mechanismus, nur sind die chromosomalen Rollen vertauscht (Abb. 34b). Hier ist das Männchen homogametisch; es liefert nur eine Sorte von Spermien, alle mit einem X-Chromosom, während im heterogametischen Weibchen zweierlei Eisorten mit einem X- oder Y-Chromosom heranreifen.

Ergänzend sei noch bemerkt, daß es auch Tiere gibt (bestimmte Wanzen und Schmetterlinge), die ihre Geschlechtsbestimmung ohne Y-Chromosomen regeln. Das homogametische Geschlecht führt dort, wie üblich, zwei X-Chromosomen, während dem heterogametischen Geschlecht — neben den Autosomen — nur ein X-Chromosom zugeteilt wird.

Um herauszufinden, welches Geschlecht homogametisch und welches heterogametisch ist, gibt es zunächst zwei klassische Methoden. Die eine benutzt das Mikroskop. In teilenden Zellen werden die Chromosomen nach Zahl, Form und Größe untersucht. Bei günstigen Objekten, wie im Falle der Abb. 34, wird man dabei die Geschlechtschromosomen direkt als Individuen erkennen und sehen, wo ein XX- und wo ein XY-Paar sich findet. Das andere Verfahren ist indirekt. Wie alle übrigen Chromosomen enthält auch das X-Chromosom seine Erbfaktoren. So sind hier beim Menschen u. a. Gene für Rot-Grün-Sehen und Blutgerinnung eingeordnet. Mutieren diese Normalgene, so stellen wir Farbenblindheit oder Bluterkrankheit (Hämophilie) fest. Aus dem Erbgang der entsprechenden „geschlechtsgekoppelten Merkmale" läßt sich dann leicht ersehen, welches Geschlecht zwei X-Chromosomen und welches nur eines führt. Bei Amphibien versagen beide

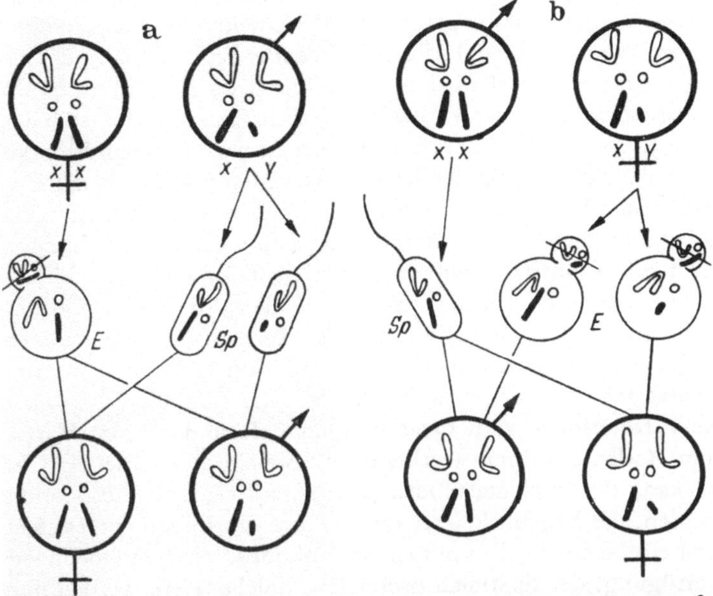

Abb. 34a u. b. Mechanismus der chromosomalen Geschlechtsbestimmung für weibliche (a, rechts) und männliche Homogametie (b, links). ♀ Weibchen; ♂ Männchen. Dargestellt ein Fall mit nur zwei Autosomenpaaren (weiß). Die Geschlechtschromosomen (schwarz) sind durch ein langes stabförmiges X-Chromosom und ein kurzes Y-Chromosom vertreten. Oben: die diploide Elterngeneration; mittlere Reihe: die haploiden Keimzellen nach Ablauf der Reifeteilungen, E Eier mit Polkörper (nur einer gezeichnet und durchgestrichen; vgl. auch Abb. 4, S. 11), Sp Spermien; unterste Reihe: die aus der Befruchtung hervorgehende neue, wiederum diploide Generation

klassischen Methoden. Zwar kann man auch bei Molchen, Fröschen und Kröten die Chromosomenzahl genau bestimmen und einzelne Chromosomen nach Form und Größe unterscheiden. Doch ist es, wie bereits erwähnt (S. 85), bis jetzt nicht gelungen, unter ihnen Geschlechtschromosomen zu identifizieren. Die Amphibien sind aber auch keine guten Haustiere für Vererbungsexperimente. Daher hat vorläufig noch niemand einen Erbfaktor nachweisen können, der an ein Geschlechtschromosom gebunden ist.

In dieser Schwierigkeit helfen uns die möglichen Paarungen zwischen genetisch gleichgeschlechtigen Eltern. Wir wollen jetzt ein derartiges Experiment erläutern, das der Amerikaner R. R. Humphrey erfolgreich durchgeführt hat. Er arbeitete mit dem Axolotl *(Ambystoma mexicanum)*, einem Salamander (vgl. Abb. 10), der als Larve geschlechtsreif wird und dem wir später (S. 126) nochmals begegnen werden. Der Verlauf des ganzen Experimentes ist in der Abb. 35 dargestellt. Auf der einen Körperseite wird beim Embryo die Anlage der Keimdrüse herausgeschnitten und durch die entsprechende Region aus einem anderen Individuum ersetzt (rechts unten schraffiert). Da zur Zeit der Operation das Geschlecht noch nicht zu erkennen ist, muß der Experimentator auch hier „blind" arbeiten. In rund einem Viertel der Fälle wird er aber die uns interessierende Kombination herstellen. Er wird einem genetischen Weibchen eine Hodenanlage einfügen. Von einem solchen Implantat geht ein stark männlich hormonaler Einfluß aus, welcher die chromosomal zum Ovar bestimmte Keimdrüse des Wirtes zum Hoden umstimmt (rechts oben). Sobald dieses Ziel erreicht ist, kann der Implantatshoden (schraffiert) wieder herausoperiert werden. Als Ergebnis dieser ersten Phase des Experimentes steht jetzt ein Neomännchen mit einem funktionstüchtigen Hoden zur Verfügung, der Spermien produziert. Solche Tiere werden nun mit normalen Weibchen (links) gepaart.

Würde das weibliche Geschlecht beim Axolotl — wie beim Menschen — homogametisch sein, so wären beide Eltern XX-Tiere, und aus der „gleichgeschlechtigen" Kreuzung (XX mal XX) könnten wiederum nur Weibchen hervorgehen. Aus sieben Paarungen von Neomännchen mit normalen Weibchen erhielt Humphrey aber 509 Männchen (24,3 %) neben 1588 Weibchen (75,7 %). Damit ist in guter Annäherung ein Mendelsches 1:3-Verhältnis nachgewiesen. Dies wird sofort verständlich, wenn man weibliche Heterogametie annimmt. Dann entstehen sowohl im Weibchen wie im Neomännchen in gleicher Häufigkeit je Keimzellen mit einem X- oder einem Y-Chromosom. Unsere Abbildung gibt die möglichen Kombinationen (1:2:1) für die Kreuzung XY mal XY an.

Während die 25% Männchen genetisch einheitlich alle zur XX-Klasse gehören, müssen unter den 75% Weibchen zwei Genotypen vorkommen, die direkt nicht zu unterscheiden sind. Neben

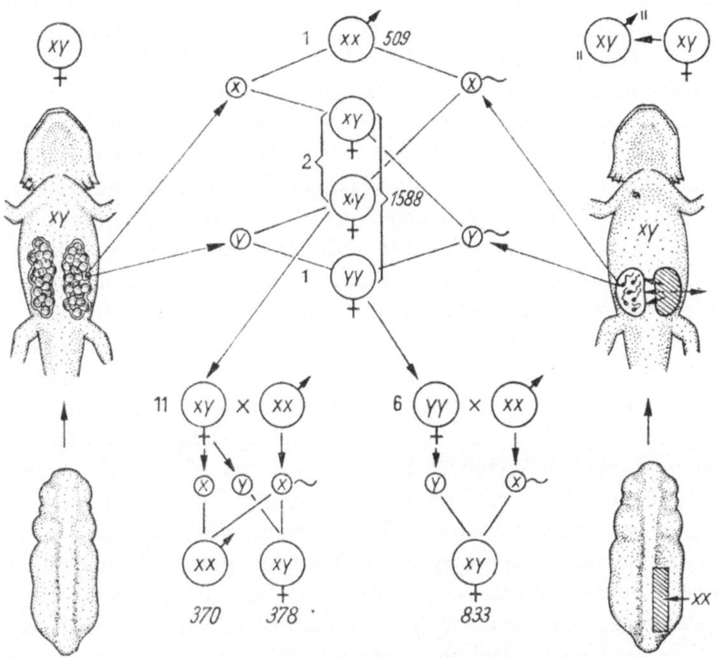

Abb. 35. Beweisführung zum Nachweis weiblicher Heterogametie beim Axolotl. Eier kleine Kreise, Spermien kleine Kreise mit Schwanz. ♀ Weibchen, ♂ Männchen, „♂" Neomännchen. Weitere Erklärungen im Text (nach Angaben von R. R. Humphrey)

den 50% normalen XY-Tieren sollten auch 25% YY-Individuen entstehen. Die letzteren wären Neuschöpfungen des Laboratoriums, die es in der freien Natur nicht gibt.

Daß diese Deutung richtig ist, ließ sich in weiteren Paarungen beweisen. Es wurden 17 Weibchen aus der Generation der 1588 Töchter aufgezogen und mit normalen Männchen (XX) gekreuzt. Von ihnen lieferten 11 Mütter (links) eine Nachkommenschaft mit statistisch gleich viel Männchen (370) wie Weibchen (378). Hier handelt es sich offenbar um XY-Weibchen. Die restlichen 6 Mütter (rechts) produzierten dagegen 833 Töchter und keine Söhne. Eine solche eingeschlechtig weibliche Nachkommenschaft (XY) ist zu erwarten, wenn YY mit XX gepaart wird. So konnte zwischen XY- und YY-Weibchen unterschieden werden. Daß sich überdies unter den zufallsmäßig ausgewählten 17 Tieren rund doppelt so viele XY wie YY befanden, bestätigt aufs schönste die Richtigkeit der ganzen Deutung.

Damit ist auf einem zwar recht mühsamen, aber um so reizvolleren Weg bewiesen, daß beim Axolotl das weibliche Geschlecht das heterogametische (XY) und das männliche das homogametische (XX) ist. Ähnliche Paarungen zwischen Gleichgeschlechtigen wurden auch bei verschiedenen anderen Amphibien verwirklicht. Wir haben bereits erzählt, wie ein kastriertes Krötenmännchen zur Mutter werden kann (S. 91, Abb. 33). Aus der Verbindung dieser Neoweibchen mit normalen Männchen ging eine einheitliche männliche Nachkommenschaft von 1080 Söhnen hervor. Also erweist sich bei der Kröte, wie beim Axolotl, das Männchen als homogametisch. Für den Axolotl gelang dieser Nachweis mit einer Weibchen-Weibchen-Paarung, bei der Kröte führte eine Männchen-Männchen-Verbindung zum gleichen Ergebnis.

Auf einfach chemischem Wege konnten durch Zugabe weiblicher Sexualhormone zum Zuchtwasser genetisch männliche Larven des Krallenfrosches *(Xenopus)* und des Rippenmolches *(Pleurodeles)* zu Neoweibchen umgewandelt werden. Wiederum führte die Paarung zwischen genetisch männlichen Eltern zu einer rein männlichen Nachkommenschaft; dabei lieferten 13 *Xenopus*-eltern 940 Söhne, und von 6 *Pleurodeles*eltern konnten 1624 Söhne aufgezogen werden. Die Paarung zwischen genetischen Männchen wird bei diesen Arten also auch durch die Formel XX mal XX richtig charakterisiert.

Nun gibt es aber auch Amphibien, bei denen nach überzeugenden experimentellen Befunden das Weibchen homogametisch ist. Dies ist zum Beispiel für den Grasfrosch *(Rana temporaria)* nachgewiesen. So stellt jede Art und Gruppe der Amphibien dem Forscher, der sich für die Aufklärung der Geschlechtsvererbung interessiert, ihre besonderen Aufgaben. Abschließend möchten wir den Leser noch darauf aufmerksam machen, daß die Zoologen häufig die Geschlechtschromosomen nur für den Fall der männnlichen Heterogametie mit X und Y bezeichnen. Bei den Typen mit weiblicher Heterogametie wählen sie für die Geschlechtschromosomen die Buchstaben W und Z. So wäre die Paarungsformel für Mensch und Frosch mit „Weibchen XX mal Männchen XY" anzugeben. Für Kröte und Axolotl hätte man dagegen zu schreiben: „Weibchen WZ mal Männchen ZZ". Für unsere Bedürfnisse haben wir auf diese Unterscheidung verzichtet, da sie nicht prinzipiell nötig ist.

Vom Wanderweg der Urkeimzellen

Erstaunlicherweise finden wir die Urkeimzellen, aus denen später durch Teilung und Differenzierung die Eier und Spermien hervorgehen, zunächst nicht in der mesodermalen Anlage der Keimdrüse (Gonade). Bei vielen Wirbeltieren liegen sie anfangs im Entoderm; aber auch bei vielen Wirbellosen werden sie außerhalb der Gonade (extragonadal) ausgesondert. Dies bedeutet, daß die Urkeimzellen oft über weite Strecken wandern müssen, um die Orte zu erreichen, wo der Embryo seine Ovarien und Hoden aufbaut. Damit ist auch klargestellt, daß eine funktionierende Keimdrüse aus zwei Anteilen besteht: Einem „*Gonadensoma*", aufgebaut aus gewöhnlichen Körperzellen und den *Keimbahnzellen*, die dazu bestimmt sind, als Gameten den Befruchtungsakt zur Begründung der neuen Generation zu vollziehen. Vergleichbar einem Gartenbeet, in dessen nährstoffreichem Boden Keimpflanzen aufwachsen, sorgt das Gonadensoma mit seinen Blutgefäßen für die Ernährung der Keimzellen, baut Hodenkanälchen auf oder umgibt die Eizellen mit den Follikelzellen. Außerdem liefern bei Wirbeltieren die Zellen des Gonadensomas noch Sexualhormone, die für Geschlechtsreife und Fortpflanzung notwendig sind.

Wir wollen zuerst am Beispiel des Froscheies die Wanderung der Urkeimzellen verfolgen. Hier hilft uns ein höchst willkommenes Markierungsmerkmal. Am vegetativen Pol des noch ungeteilten Eies liegen einige stark färbbare Plasmaeinschlüsse. Diese *Keimbahnkörper* werden während der Furchung in einzelne Zellen eingeschlossen (Abb. 36a). Diejenigen Zellen, die die Keimbahnbestimmer zugeteilt erhalten — und nur diese — werden zu

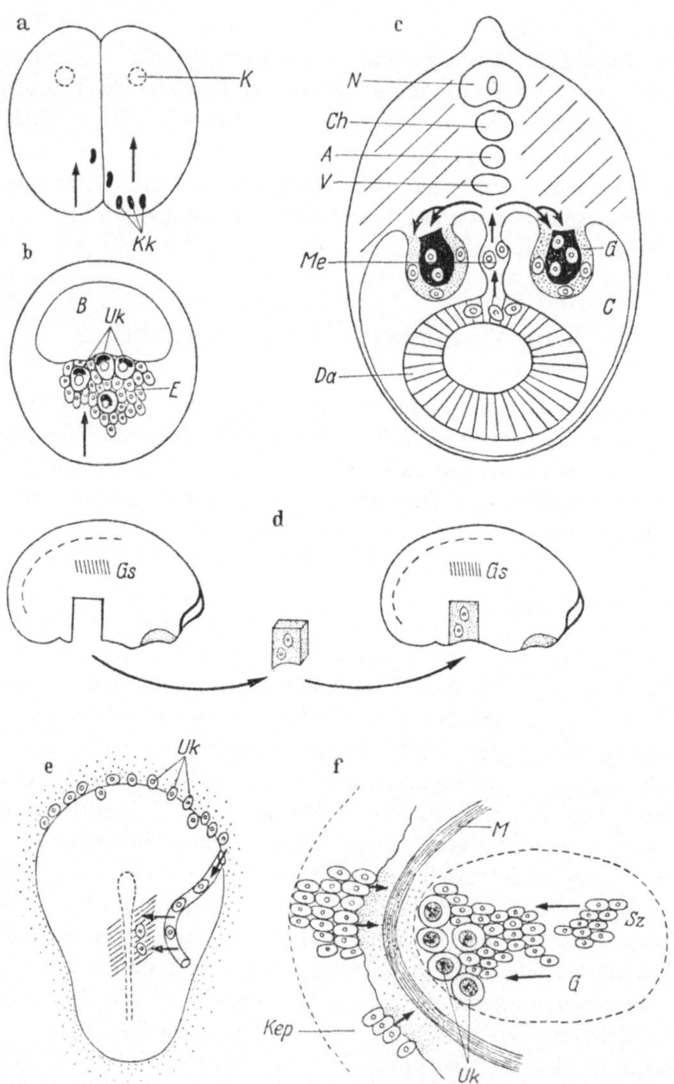

Abb. 36. Einwandern der Urkeimzellen (*Uk*) in das Gonadensoma (*Gs*). a Lage von Keimbahnkörperchen (*Kk*) im Zweizellstadium eines Grasfrosches *(Rana temporaria)*, *K* Zellkerne. b Gleicher Keim (wie a) im Blastulastadium, *B* Blastocoel = Furchungshöhle. Keimbahnkörper in Urkeimzellen eingeschlossen, die im Entoderm (*E*) nach oben wandern. c Schema des Wanderweges nach Anlage

Urkeimzellen. Da die Keimbahnkörper viel Ribonukleinsäure (RNS) enthalten, mag dieser Stoff, der ein besonderes Entwicklungsprogramm vermitteln kann, für die Sonderaufgabe entscheidend sein, die der Keimbahn zukommt. Jedenfalls ist das Entwicklungsschicksal der Entodermzellen, welche die Urkeimzellen umgeben und die keine Keimbahnkörper zugeteilt erhalten, völlig anders. Sie werden zu Zellen des Darmkanals.

Wird der vegetative Pol eines noch ungefurchten Froscheies mit Ultraviolett bestrahlt, so schädigt dies die Keimbahnkörper, und die Zahl der Urkeimzellen wird anschließend drastisch bis völlig reduziert. Durch Injektion von unbestrahltem Keimbahnplasma kann der Strahlenschaden wieder korrigiert werden. Die mit Keimbahnkörpern markierten Urkeimzellen wandern während der Furchungsperiode zwischen den Entodermzellen nach oben, bis sie am Grunde der Furchungshöhle einer Blastula angelangt sind (Abb. 36b). Wenn dann nach der Gastrulation die oberen Entodermränder sich zum Darmrohr schließen (S. 48), liegen die Urkeimzellen wie „Fremdkörper" in der oberen Darmwand. Dies ist die Stelle, wo anschließend der Darm durch ein Band an die Wand der Leibeshöhle aufgehängt wird. Die Urkeimzellen benutzen dieses dorsale Mesenterium als Wanderpfad (Abb. 36c). Wie unsere Abbildung weiter zeigt (Pfeile), verteilen sich dann die Urkeimzellen nach beiden Körperseiten und erreichen schließlich das Mark und die Rinde der Gonadenanlage. Wie auf Seite 88 und mit Abb. 32 erläutert wurde, wird eine Wirbeltier-Keimdrüse zunächst doppelgeschlechtig (bisexuell) angelegt. Entwickelt sich das Mark weiter, so entsteht ein Hoden; wird dagegen die Rinde

---

der Keimdrüsen (Gonaden, *G*). Mark schwarz, Rinde punktiert, *Da* Darm, *Me* Mesenterium, *V* Vene, *A* Aorta, *Cb* Chorda. d Versetzen eines Entodermstückes mit Urkeimzellen beim Krallenfrosch *Xenopus*. Das Gonadensoma, in das die Zellen einwandern, ist schraffiert. e Hühnerembryo, Urkeimzellen am Vorderrand der Keimscheibe, Blutgefäß als Wanderweg führt neben der Keimdrüsenanlage (Gonadensoma schraffiert) vorbei. Hier verlassen die Urkeimzellen die Blutbahn. f Vom explantierten, noch keimzellfreien Keimepithel (*Kep*) eines Hühnerembryos gehen anlockende Stoffe aus (Pfeile), die durch eine Membran dringen (*M*) und aus besiedelter Gonade (*G*) die Urkeimzellen (große Kerne) gerichtet anlocken: diese versuchen das Gonadensoma (kleine Zellen, *Sz*) zu verlassen (a und b nach L. Bounoure, d nach A. W. Blackler, f nach R. Dubois)

Dieses Verhalten ließ sich genauer analysieren. Eine bereits besiedelte Keimdrüse wird isoliert und als Explantat auf einem Nährboden kultiviert. Neben diese Gonade wird ein Stück noch unbesiedeltes Gonadensoma (Keimepithel) gelagert. Zwischen die beiden Explantate wird überdies eine Membran hineingeschoben (Abb. 36f). Dazu eignet sich das Häutchen, das die Dotterkugel des Hühnereies umgibt. In dieser Versuchsanordnung wandern nun die Urkeimzellen, die vorher im Innern der jungen Gonade gleichmäßig verteilt waren, gerichtet nach der Seite hin, wo das benachbarte Keimepithel liegt. Sie würden, wie andere Versuche zeigen, dieses leere Gonadensoma auch richtig besiedeln; die Membran verhindert dies. Offenbar geben die Zellen des Keimepithels Stoffe ab, die nach außen — auch durch die Membran hindurch — diffundieren und die Urkeimzellen alarmieren und mobilisieren. Diese reagieren spezifisch und bewegen sich in Richtung der höchsten Stoffkonzentration (Abb. 36f). In der Normalentwicklung kann ein solch anlockender Stoff wohl auch durch die Blutgefäßwände dringen und so den vorbeireisenden Urkeimzellen ein Stoppsignal vermitteln und sie veranlassen, aus den Äderchen auszutreten. Damit würden sie im Gonadensoma ankommen. Dies ist ein Beispiel für *positive Chemotaxis*. Obwohl manche Einzelheiten noch hypothetisch bleiben, zeigen die Hühnchenversuche doch, wie Wanderzellen auf Grund stofflicher Informationen sich gerichtet bewegen und ihr Ziel finden.

Farbmuster und Farbwechsel

Amphibien sind farbenprächtige Tiere. Unsere Tritonen haben leuchtend gelbe Bäuche; dazu prunkt das Alpenmolchmännchen im Hochzeitskleid mit einem blausilbern glänzenden Seitenstreifen. Beim Laubfrosch bewundern wir das reine Grün, und bei Gras- und Wasserfröschen bilden gelbe, rötliche, grüne, bläuliche, braune und schwarze Töne ein herrliches Zeichnungsmuster. Von diesen Farben beruhen die einen auf bestimmten Pigmentstoffen, die zu den Melaninen (braun bis schwarz) oder zu den Pterinen (gelb bis rot) gehören. Außerdem kommt auch das gelbe Riboflavin in der Amphibienhaut vor. Andere Farbeffekte, besonders die Blaustufen, werden durch die Struktur der Hautschichten bedingt. Es sind dies „physikalische Farben", die beim Einfall des Lichtes in dünne Plättchen oder trübe Medien zustande kommen. Wenn Pigmentgelb und physikalisches Blau zusammentreten, so entsteht das bei Amphibien, Reptilien und Vögeln so häufige Grün.

Melanine und andere Pigmente sind meist in besonderen Zellen eingelagert, die man Farbstoffträger oder *Chromatophoren* nennt. Dabei unterscheiden wir zwischen den dunklen Melanophoren, den gelben Xanthophoren und den roten Erythrophoren. Schließlich gibt es noch Zellen, die silbern glänzen, weil sie das Licht total reflektieren. Wenn solche Iridozyten zusätzlich noch gelbe Farbstoffe enthalten, ergibt sich der schönste Goldglanz.

Die Chromatophoren sind sternförmige Zellen. Sie liegen bei Amphibien flächenhaft ausgebreitet direkt unter der durchsichtigen Oberhaut, teils aber auch in tieferen Hautschichten. Pigmentzellen geben überdies der Regenbogenhaut im Auge (Iris) die Farbe, und sie bedecken auch die Wandflächen der Bauchhöhle (S. 112).

Die Farbstoffe liegen als feine Körnchen im Zellplasma der Chromatophoren. Diese Farbgranula wechseln innerhalb der Zelle leicht und rasch ihre Plätze. Sie können entweder alle feinen Fortsätze der Trägerzelle füllen, oder sie sind in der Zellmitte zu einem dichten Häufchen zusammengeballt (Abb. 37). Zwischen diesen Extremlagen sind alle Übergänge möglich. Auf solchen Pigmentwanderungen innerhalb verästelter Chromatophoren beruht die Kunst der Grundanpassung und des Farbwechsels bei Krebsen, Fischen, Amphibien und Reptilien. Dabei können nicht nur die Hell-Dunkel-Stufen, sondern auch die Farbtöne selbst wechseln. Berühmte Verwandler sind Laubfrösche und Chamäleone. Um zu verstehen, wie ein und dieselbe Körperstelle verschiedene Farben annehmen kann, schauen wir uns ein Stück lebensfrische Froschhaut unter dem Mikroskop an. Schwarze, braune, rote, gelbe und silbernglänzende Farbzellen stehen hier in bunter Mischung neben- und übereinander. Dabei kann das eine Pigment ausgebreitet und ein andersfarbiges geballt sein. Mit einem derart unabhängigen Verschiebungsspiel lassen sich zahlreiche Farben und Schattierungen verwirklichen.

Die Pigmentstellung in den Chromatophoren wird durch besondere Wirkstoffe kontrolliert. Dabei spielt besonders die *Hypo-*

physe eine wichtige Rolle. Dieser Hormondrüse sind wir bereits begegnet (Abb. 2, S. 5). Sie bewirkt unter anderem die Geschlechtsreife und die Abgabe der Keimzellen. Die Hypophyse ist in bezug auf Entstehung, Bau und Funktion ein recht kompliziertes Organ. Ihr Hinterlappen entwickelt sich aus dem Boden des Zwischenhirns (Abb. 38a). An diesen „Nerventeil" wird ein

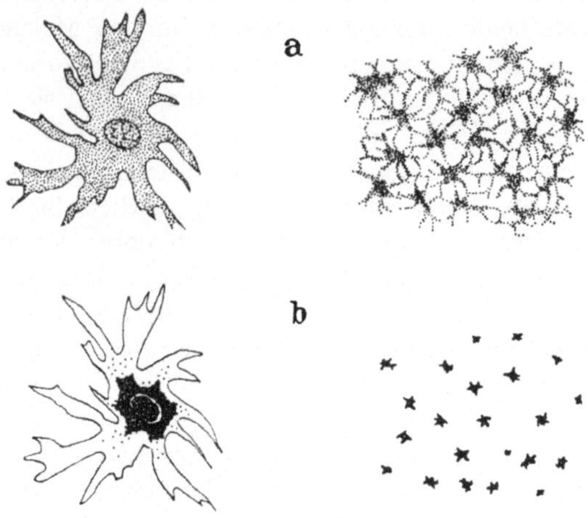

Abb. 37a u. b. Pigmentzellen aus Amphibienhaut. a Pigment ausgebreitet in Dunkelstellung, b Pigment geballt in Hellstellung. Links eine Einzelzelle, rechts bei schwächerer Vergrößerung eine Gruppe von Pigmentzellen in einem Hautstück

Vorderlappen angelagert, der als „Drüsenteil" am Grunde einer Tasche entsteht, die von der ektodermalen Mundbucht ausgeht. Dort, wo Vorder- und Hinterlappen aneinandergrenzen, wird bei vielen Wirbeltieren — so auch bei Amphibien — noch eine Zone als Mittellappen ausgesondert. Das für Vorder- und Mittellappen bestimmte Zellareal liegt im Schwanzknospenstadium noch an der Keimoberfläche. Daher kann man diese Anlage leicht herausschneiden (Abb. 38b). Embryonen ohne den Drüsenteil der Hypophyse entwickeln sich erstaunlich gut; sie wachsen zu annähernd normalen Larven heran. Doch sind sie äußerlich sofort als sehr helle Tiere kenntlich. Abgesehen von den Chromatophoren der Schwanzspitze, ist in allen Pigmentzellen der Farbstoff extrem und

dauernd zu kleinen Punkten geballt (Abb. 38c). Dieser Befund
beruht darauf, daß den operierten Tieren ein Hormon fehlt, das
die Ausbreitung des Pigmentes bewirkt. Genauere Untersuchungen zeigten, daß im Normaltier dieses Expansionshormon aus dem

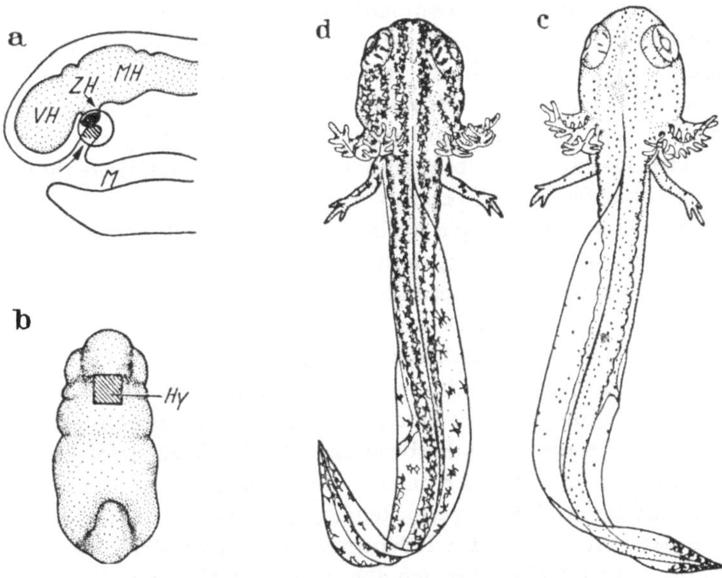

Abb. 38a—d. Hypophyse und Farbwechsel. a Im Kreis die Anlage der Hypophyse: Vorder- und Mittellappen (schraffiert) aus Rathkescher Tasche (Pfeil)
am Dache der Mundhöhle (*M*). Hinterlappen (schwarz) am Boden des Zwischenhirns (*ZH*); *VH* Vorderhirn; *MH* Mittelhirn. b Amphibienembryo von
unten gesehen zeigt im schraffierten Quadrat das noch oberflächlich liegende
Material des Vorder- und Mittellappens der Hypophyse. Dieses Stück wird
herausgeschnitten. c Molchlarve entwickelt aus operiertem Keim (b); das Pigment überall (mit Ausnahme der Schwanzspitze) punktförmig geballt. d Normale Kontroll-Larve gleichen Alters wie die hypophysenlose Larve c: Pigment
ausgebreitet (c und d nach Versuchen von M. Gandolla)

Zwischenlappen *(Pars intermedia)* stammt; es wird daher auch
Intermedin genannt. Oft wird dieses Hormon auch als MSH (Melano-
phoren-stimulierendes Hormon) bezeichnet.

Die Wirkung der Hypophyse auf die Färbung läßt sich leicht
auch am erwachsenen Frosch nachweisen. Wird ihm ein Extrakt
aus dieser Drüse eingespritzt, so verdunkelt sich seine Haut in

Wieder andere Zellschwärme vereinigen sich zu den Ganglien des Sympathischen Nervensystems der Eingeweide (Sy). Als besonders merkwürdige und unerwartete Leistung muß sodann auffallen, daß der gleiche Mutterboden, der Pigment und Nervenzellen liefert, fähig ist, auch Zellen für knorpelige Skeletteile bereitzustellen. Die Kiemen- und Kieferbogen (K) sowie Teile der Schädelbasis entstehen aus Zellsträngen, die von der Neuralleiste her nach unten aussprossen. Im Kiefer selbst formen diese von fernher zugewanderten Zellen den Dentinkeim, d. h. das Zahnbein der Zähne (Z). Schließlich umhüllen Zellen der Neuralleiste auch das Gehirn, wo sie zu den verschiedenen Hirnhäuten werden (H). Andere Zellpopulationen beteiligen sich am Aufbau des Markes der Nebennieren (in Abb. 39 nicht eingetragen).

Mit Staunen stellen wir fest, daß in den embryonalen Zellhäufchen der Neuralleiste Entwicklungsmöglichkeiten von imponierender Vielseitigkeit versammelt sind. Die eben mitgeteilten Kenntnisse vom beinahe unerschöpflichen Leistungsinventar der Wulstzellen stützen sich auf zahlreiche schöne Experimente. Auswählend wollen wir jetzt lediglich solche Versuche besprechen, welche die Herkunft und die musterbildenden Eigenschaften der Pigmentzellen klären konnten.

Wir entfernen aus einer Neurula in einem abgegrenzten Gebiet der künftigen Körpermitte die beiden Neuralwülste (in Abb. 40a, schwarz). Aus dem operierten Keim geht eine kräftige Larve hervor (b), doch fehlen ihr in einer gürtelförmigen Zone die Pigmentzellen. Außerdem fällt im Operationsgebiet der Flossensaum aus. Damit scheint bewiesen, daß in der Normalentwicklung die Pigmentierung, ebenso wie der Anstoß zum Wachstum des Flossensaumes, von der Neuralleiste ausgeht. Doch mag man gegen Experimente, die Negatives zeigen, stets einwenden, daß der Operationsschaden an sich schuld sein könnte, wenn etwas fehlt oder schiefgeht. Beweisender sind daher Versuche, die direkt nachweisen, daß aus Neuralleiste, und nur aus ihr, Pigmentzellen hervorgehen. So kann man etwa ein Stück des Wulstes in die Bauchmitte eines Wirtskeimes versetzen. Dann wird sich in einem sonst pigmentlosen Gebiet, vom Implantat ausgehend, eine kräftige bauchständige Farbinsel entwickeln. Oder wir füllen ein Ektodermsandwich (wie in Abb. 24) mit einem Brocken Wulstmaterial und beobachten, wie später das Explantat sehr reichlich mit Pigmentzellen besetzt wird.

Besonders eindrucksvoll und überzeugend sind sodann die Befunde von Austauschexperimenten, wo ein Stück des Neuralwulstes der einen Art durch ein entsprechendes Stück einer fremden Art ersetzt wird. Zu solchen „*heteroplastischen Transplantationen*" eignen sich besonders gut die beiden kalifornischen Molcharten *Triturus torosus* und *Triturus rivularis*. Bei *torosus* treten die Melanophoren zu zwei kräftigen kompakten Längsstreifen zusammen (Abb. 40 c), während für *rivularis* ein fein verteiltes Streumuster charakteristisch ist (d). Als Ergebnis des Austauschexperimentes sehen wir in der Ersatzzone bei der *torosus*-Larve (e) das typische *rivularis*-Muster, und in der *rivularis*-Larve hat das Neuralleisten-Implantat einen Pigmentgürtel vom *torosus*-Typ geliefert (f). Nun sind wir endgültig überzeugt, daß die Pigmentzellen aus dem Neuralwulst stammen müssen.

Die Austauschversuche mit künftigen Pigmentzellen verschiedener Arten vermitteln aber noch weitere Einblicke in interessante Entwicklungsvorgänge. Zunächst ist es gar nicht selbstverständlich, daß die *torosus*-Zellen, die doch als lockere Gesellschaft weit durch fremdes Gebiet wandern, ihre arteigenen musterbildenden Qualitäten bewahren und sich in einem Wirt, dem dieses Merkmal fremd ist, zur Streifenzeichnung zusammenfinden können. Offenbar ziehen sich die *torosus*-Zellen gegenseitig an, während in derselben Umgebung sich die *rivularis*-Zellen eher meiden. Solche positive und negative Affinitäten (S. 53) werden durch die Erbsubstanz bestimmt, deren Wirkung sich auch im fremden Wirt autonom durchsetzt. Erbmäßig festgesetzte Qualitäten der Musterbildung lassen sich auch nachweisen, wenn noch weiter entfernte Arten kombiniert werden. In der Abb. 40 g sehen wir eine Molchlarve der Art *Triturus torosus*, die kurz vor der Metamorphose steht. Hinter den Kiemen und teils auch auf den Vorderbeinen trägt sie ein fremdartiges Farbkleid. Dieses großfleckige Muster stammt aus der Neuralleiste eines Axolotls (*Ambystoma punctatum*). Die artfremden Zellen wurden im Neurulastadium dem Molchkeim eingefügt. Der Wirt konnte hier die erblich festgelegte musterbildende Fähigkeit der auswandernden Zellen kaum beeinflussen.

Nun haben aber einzelne Experimente, auf die wir hier nicht ausführlich eingehen können, doch gezeigt, daß bei bestimmten heteroplastischen Kombinationen die Pigmentverteilung auch durch den Wirt beeinflußt wird. Wir sehen zum Beispiel, daß bei der Larve in Abb. 40e die *rivularis*-Zellen auf der Höhe des unteren *torosus*-Streifens haltmachen. Im arteigenen Verband wandern sie weiter bauchwärts über diese Zone hinaus (d).

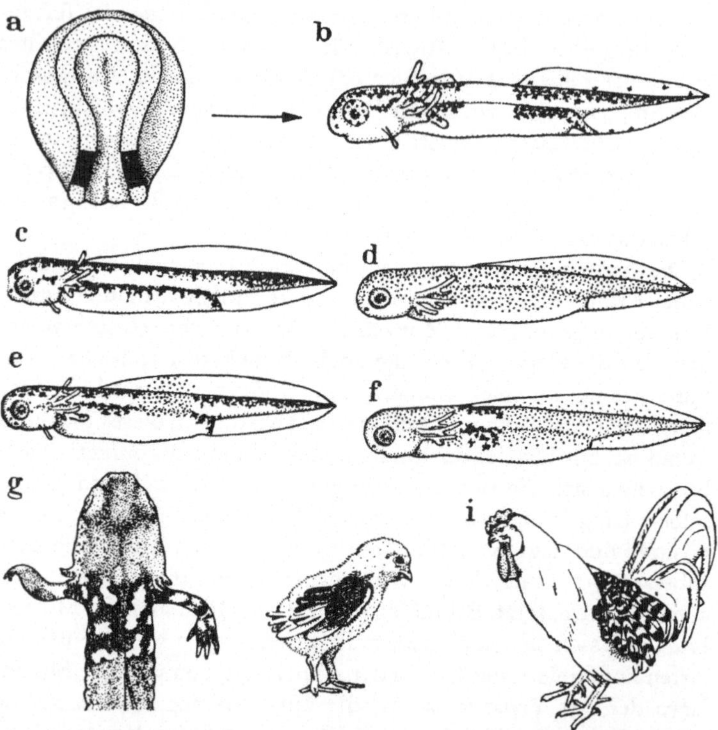

Abb. 40a—i. Die Neuralleiste als Spender der Pigmentzellen. a Molchneurula zeigt (schwarz) den Bereich, wo die Neuralleisten entfernt wurden. b Alpenmolch-Larve entwickelt aus a. c *Triturus torosus*. d *Triturus rivularis*. e *Torosus* mit *rivularis*-Implantat. f *Rivularis* mit *torosus*-Implantat. g Ältere *torosus*-Larve mit Axolotl-Implantat. h Hühnchen der weißen Leghornrasse mit Drosselpigment (dunkel) in Flügelfedern. i Weiß-Leghorn-Hahn im Alter von 2 ½ Jahren mit Federn, die ihre Pigmentzellen aus dem Bauchfell eines Barred-Rock-Embryos bezogen haben (c—g nach Experimenten von V. C. Twitty und D. Bodenstein; h und i nach M. E. Rawles)

So spielen bei der Entstehung eines jeden Farbmusters Beziehungen zwischen den auswandernden Zellen und der Umgebung eine Rolle. Irgendwie müssen die künftigen Pigmentzellen es „merken", wenn sie das Ziel ihrer Reise erreicht haben; wie kämen sie sonst regelmäßig an den richtigen Stellen zur Ruhe! Sie verhalten sich dabei ähnlich wie die wandernden Urkeimzellen (Abb. 36). Im übrigen haben wir auch bereits erläutert (Abb. 19), wie Pigmentzellen auseinanderstreben können, so daß sie sich zu Streumustern, etwa vom *rivularis*-Typ, anordnen werden (Abb. 40d).

Im bisherigen haben wir uns fast ausschließlich auf Experimente an Amphibien beschränkt. Aus den Befunden zahlreicher weiterer Versuche wissen wir, daß übereinstimmend bei allen Wirbeltieren die Neuralleiste das Körperpigment liefert. Besonders schön ist dies auch für Vögel und Säugetiere nachgewiesen. In der Abb. 40h stellen wir ein weißrassiges Hühnchen vor, dem im frühen Embryonalstadium künftige Pigmentzellen aus der Neuralleiste einer dunkelbraun pigmentierten amerikanischen Drossel *(Turdus migratorius)* eingepflanzt worden waren. Dort, wo die Farbzellen des Implantates zur Ruhe kommen, tragen die Federn das Drosselpigment des Spenders. Wohlverstanden: die Feder selbst stammt nicht vom Implantat; es sind richtige Hühnerfedern. Die einverleibten pigmentbildenden Zellen haben sich lediglich am Grunde der Federkeime eingenistet. Sie bleiben dort, wo die Feder wächst, zeitlebens sitzen. Hier umfassen die zugewanderten Melanophoren mit ihren feinen Fortsätzen die Bildungszellen der Feder und versorgen diese mit Pigmentkörnchen. Ähnliche Vorgänge spielen sich auch an den Haarwurzeln der Säugetiere ab. So sorgt ein dauernder Melaninnachschub dafür, daß Haare und Federn farbig bleiben. Erst im Alter verlieren die Chromatophoren des Haargrundes ihre Fähigkeit zur Bildung neuen Pigmentes. Es wächst nun farbfreies Haar, und im Maschenwerk seiner verhornenden Zellen wird das Licht so reflektiert, daß das Haar weiß erscheint.

Zum Abschluß unserer Erläuterungen über Pigmentmuster sei noch ein besonders schönes Prunkstück vorgestellt (Abb. 40i). Aus einem drei Tage alten Hühnchenembryo der weißen Leghornrasse wurde eine Flügelanlage herausgeschnitten. Zu dieser frühen Zeit haben die Zellen der Neuralleiste das Flügelgebiet noch nicht besiedelt. Jetzt wird die Flügelknospe in die Leibeshöhle eines Embryos der farbigen Barred-Rock-Rasse verpflanzt. Dort wandern nun künftige Pigmentzellen aus dem Bauchfell in das Implantat hinein und versorgen die Federkeime mit Farbstoffkörnchen. Es ist erstaunlich, daß Pigmentzellen des Bauchfelles, die normalerweise nie etwas mit Federfarbe zu tun haben, diese für sie ungewöhnliche Aufgabe übernehmen können. Wenn nun das Wirtshühnchen schlüpft, kann ihm aus der Leibeshöhle ein kleiner dunkel pigmentierter Flügel herausoperiert werden. Dieses Implantat wird nun nochmals verpflanzt und zwar in den Rücken eines eintägigen Weiß-Leghorn-Kükens. Ein solcher zweiter Wirt entwickelte sich zu dem prächtigen Hahn der Abb. 40i. Aus dem Implantat wachsen Flügelfedern heraus, die das typisch gebänderte Farbmuster der Barred-Rock-Rasse zeigen. Die Federn selbst sind aber aus den ursprünglichen Weiß-Leghorn-Zellen des embryonalen Implantates aufgebaut. Einzig die Pigmentzellen wurden vom rassenfremden ersten Wirt bezogen. Daß es sich um Zellen aus der Bauchfellgegend handelt, sieht man dem Implantat nicht an. Am Wachstumsgrund der Weiß-Leghorn-Feder benehmen sie sich wie jene Haut-Pigmentzellen, die normalerweise direkt von der Neuralleiste hier zuwandern. Diese Pigmentzellen bleiben während Jahren aktiv und versorgen die neu auswachsenden Federn, wenn diese bei der Mauser gewechselt werden, mit ihrem Pigment, wobei die Rassenmerkmale autonom erhalten bleiben.

Von Wundheilung und Regeneration

Fangen wir gleich mit einem Experiment an. Einer älteren Molchlarve wird ein rechteckiges Stück aus der Oberhaut herausgeschnitten (Abb. 41a). Nach der erstaunlich kurzen Zeit von 24 Stunden ist die Lücke geschlossen, die Wunde verheilt. Eine genauere Untersuchung der beteiligten Vorgänge zeigt zunächst eine starke Ansammlung von Zellen am Wundrand; diese schieben sich, von allen Seiten herkommend, über die Lücke. Die am Wundverschluß beteiligten Zellen sind aus der umgebenden Epidermis abgewandert und haben sich zielgerichtet auf die Wundränder zu bewegt. Diese *Zellwanderung* hält auch dann noch an, wenn die

Wunde geschlossen ist. So kommt es im Operationsgebiet zu einer weit über das Normale hinausgehenden Ansammlung zugewanderter Zellen. Dieses Geschehen ließ sich genau erfassen, indem man 3—4 Tage nach der Operation in den verschiedenen Zonen, d. h. im Operationsfeld und in seiner näheren und weiteren Umgebung, die pro Flächeneinheit vorhandenen Oberhautzellen zählte. Dabei zeigte sich, daß es nicht nötig ist, alle Zellen zu berücksichtigen.

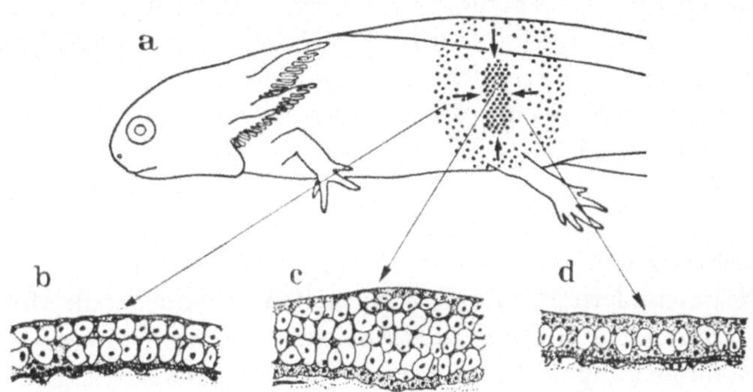

Abb. 41 a—d. Zellwanderung bei Wundheilung. In der Molchlarve (a) wurde eine rechteckige Operationswunde gesetzt. Aus der Umgebung (kurze Pfeile) sind Zellen zur Bedeckung der Lücke zugewandert (Dichte der Punktierung). b Epidermisstück außerhalb der Einflußzone. c Überreiches Ansammeln von Zellen im Wundgebiet. d Ausschnitt aus der Verarmungszone (nach E. Hadorn und P. S. Chen)

Es genügt, die großen und auffallend hellen Drüsenzellen zu zählen, die genauso wie ihre weniger auffallenden Schwesternzellen auf die Schnittfläche zu wandern. Die Verhältnisse auf der Operationsseite können dann mit dem ungestörten Zustand der Gegenseite verglichen werden. In der Abb. 41 a haben wir mit der Dichte der Punktierung die Zellzahl charakterisiert. Setzen wir den Normalzustand mit 100% ein, so ergibt sich über der Wunde eine bis auf 150% gehende Anhäufung (dichte Punktierung). Diese Akkumulation muß zu einem entsprechenden Zellverlust in Gebieten führen, die die Wundregion unmittelbar umgeben. Tatsächlich finden wir hier die normale Zellzahl bis auf 50% vermindert (lockere Punktierung). Dieses Verarmungsgebiet erstreckt sich rund um die Wunde auf recht ansehnliche Flächen. Außerhalb dieser Zonen bleibt die normale Zellzahl erhalten (mittlere Punktierung). Die Unterschiede in den Zellzahlen zeigen sich sehr deutlich in den mikroskopischen Schnittbildern. Im Normalgebiet (b) finden wir meist zwei Lagen von Drüsenzellen übereinander. In der Wundzone enthält die stark verdickte Oberhaut bis zu vier solcher Schichten (c), während in Verarmungszonen (d) nur noch einzelne Drüsenzellen in nur *einer* lockeren Schicht zu sehen sind.

Nach diesen Beobachtungen steht fest, daß der Wundverschluß durch die Epidermis (Oberhaut) nicht auf einer lokalen Zellvermehrung beruht, sondern auf dem Zuwandern von Zellen aus den Nachbargebieten der Wundränder. Erst nach Abschluß dieser Zellbewegung, d. h. erst nach einer Woche kommt es zu ausgleichenden Vorgängen, indem jetzt im Verarmungsgebiet eine Phase der Zellteilung einsetzt. Durch eine solche lokale Zellvermehrung wird der erlittene Verlust wieder wettgemacht.

Die geschilderten Beobachtungen gelten nicht nur für die Molchlarve. Sie charakterisieren vielmehr ganz allgemein den Vorgang der Wundheilung in der Oberhaut. So werden nach dem gleichen Prinzip auch Wunden in der Hautbedeckung bei Insekten verschlossen. Dabei ergeben sich eine Reihe interessanter Fragen. Wer mobilisiert die entfernt liegenden Zellen, und wer zeigt ihnen den Weg zum Wundrand? Wahrscheinlich entstehen an der Wundstelle besondere Reizstoffe, die von Zelle zu Zelle weitergegeben werden und als Signale in einem weiteren Umkreis die Hilfsaktion auslösen. Die zur Wanderung aktivierten Zellen müßten sich dann gerichtet auf jene Stellen hinbewegen, wo die Wundstoffe am konzentriertesten sind. Wie „feinfühlig" einzelne Zellen auf Störungen im Organismus reagieren, zeigt sich überdies auch darin, daß später im verarmten Gebiet die ausgleichende Zellvermehrung einsetzt.

Noch eindrucksvollere Ausgleichs- und Reparaturleistungen setzen ein, wenn einem Molch ein Bein abgeschnitten oder abgebissen wird. Das verstümmelte Tier ist fähig, diesen Verlust zu ersetzen; es regeneriert ein neues Bein. Aus der Fülle der Erfahrungen, die beim genauen Studium von Regenerationsvorgängen gewonnen wurden, können wir hier nur einige ausgewählte Beispiele besprechen. Verfolgen wir zunächst, was sich alles bei der Regeneration eines Molch- oder Salamanderbeines ereignet.

Dabei soll das Glied knapp oberhalb des Ellenbogens abgeschnitten werden (Abb. 42a und c). Schon nach einem Tag ist die Wunde wieder von Haut bedeckt (d). Dies geschieht auch hier durch Überwuchern der offenen Stelle durch Epidermiszellen. Dann werden im Innern liegende verletzte Zellen und Zelltrüm-

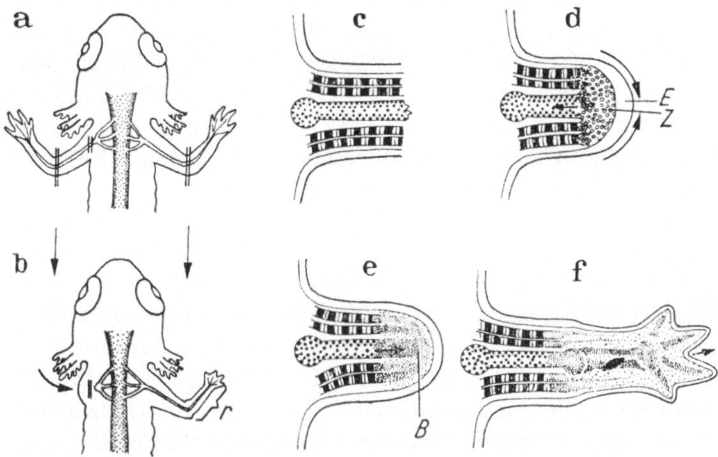

Abb. 42a—f. Beinregeneration bei Schwanzlurchen. a die Doppelstriche zeigen die Amputationsstellen; auf der linken Seite wird außerdem auch noch die Nervenverbindung zum Bein unterbrochen. b Regeneration rechts (r das regenerierte Stück), Einschmelzen des Stumpfes links (Pfeil). c Amputationsskizze: Epidermis weiß, Muskulatur quergestreift, Knochen oder Knorpel grob punktiert. d Die Epidermis (E) überwächst die Wunde, darunter zerfallen (Z) die Gewebe zu entdifferenzierten Zellen (kleine Kreise). e Entdifferenzierung abgelöst durch Blastembildung (B fein punktiert), Beginn der Regeneration. f Auswachsen des Regenerates (fein punktiert) zum vollständigen Bein, Anlage des Skelettes sichtbar

mer der Wundregion durch weiße Blutkörperchen (Makrophagen) beseitigt, d. h. aufgefressen. Anschließend setzt unter dem Epidermisverschluß ein sehr merkwürdiger Vorgang ein. An der Schnittstelle lösen sich Knorpel oder Knochen, Muskeln und Bindegewebe des Oberarmstumpfes in Einzelzellen auf. Diese Desintegration schreitet zunächst körperwärts fort (Pfeil in d), kommt dann aber zum Stillstand, nachdem eine ansehnliche Masse von Zellen frei geworden ist. Gleichzeitig verlieren die sich aus dem alten Gewebeverband lösenden Zellen ihre Funktionsstruktur.

Sie werden „*ent-differenziert*". Dabei nehmen ehemalige Knorpel-Knochen-Muskel- und Bindegewebszellen die Gestalt indifferenter Zellen an, die voneinander kaum mehr zu unterscheiden sind. So entsteht als Ergebnis dieser rückläufigen Entwicklung ein „*Regenerationsblastem*" (*B* in e), das von weitgehend gleichartig aussehenden Zellen gebildet ist. Diese Zellansammlung verhält sich nun gleich wie eine embryonale Beinknospe. Ihre Masse vermehrt sich: sie wächst, indem die Zellen sich teilen. Das fehlende Stück des Vorderbeines sproßt aus (f). Gleichzeitig werden in diesem Regenerat neue Knorpel, Knochen, Gelenke, Sehnen und Muskeln plangerecht angelegt und ausdifferenziert. So kommt der Molch wieder zu einem normalen Vorderbein.

Doch geben wir uns jetzt Rechenschaft darüber, was für eine wunderbare Lebensleistung sich im Regenerationsgeschehen äußert. Höchst bemerkenswert ist zunächst der Befund, daß „alte", längst differenzierte Zellen sich in einen Zustand rückverwandeln können, der ihnen erlaubt, sich proliferierend zu vermehren, und sie befähigt, erneut an sekundären Entwicklungs- und Differenzierungsvorgängen teilzunehmen. Dabei begegnen wir einem heißumstrittenen Problem. Wird das neue Skelett, werden die neuen Muskeln aus „entdifferenzierten" Zellen aufgebaut, die ihre ursprüngliche Gewebs-Spezifität behalten haben, oder kann eine ehemalige Muskelzelle nun auch Knorpel und Knochen aufbauen? Eine solche unbeschränkte Fähigkeit der Differenzierungsplastizität würde als *Metaplasie* bezeichnet. In diesem Falle müßte die Entdifferenzierung zu einem omnipotenten Zellzustand zurückführen, wie er häufig in embryonalen Primärblastemen besteht. Zur Zeit haben die Verfechter der Metaplasielehre, soweit diese die Extremitätenregion betrifft, eher an Boden verloren. Was fehlt, sind einwandfreie Experimentalbefunde, die beweisen würden, daß die Blastemzellen völlig neue Entwicklungswege beschreiten können. Doch bleibt auch heute noch ein klassischer Experimentalbefund bestehen. Wird nach der Amputation aus dem stehengebliebenen Stumpf der Oberarmknochen herausoperiert, so werden im regenerierenden Unterarm und in der neuen Hand doch alle Skelettelemente normal ausgebildet. Diese Leistung ist somit auch möglich, wenn das Skelett des Stumpfes nicht an der Blastembildung teilnehmen kann. Wahrscheinlich sind es

116

Bindegewebszellen, welche die Skelettpotenzen bewahrt haben, die hier aushelfen. Daß im übrigen Metaplasie bei Regenerationsvorgängen tatsächlich vorkommt, werden wir am Beispiel der Linsenregeneration erläutern (S. 119).

Was in Regenerationsblastemen geschieht, ist vergleichbar mit den Regulationsvorgängen, wie sie in embryonalen Zellsystemen ablaufen. Nach einem festgelegten Plan wird souverän über das vorhandene Zellmaterial verfügt, so daß aus beliebig beschnittenen und zufällig zusammengesetzten Beständen ganzheitliche Bildungen hervorgehen. So kann ein halbiertes Beinblastem eine ganze Extremität regenerieren. Es ist auch gelungen, zwei ganze Blasteme zur Bildung nur eines Beines zu verschmelzen.

Wir dürfen daher annehmen, daß die embryonalen Konstruktionspläne nach Erfüllen ihrer ersten Aufgabe nicht verschwinden, sondern auch dem erwachsenen Organismus noch zur Verfügung stehen. So bleibt das die Embryonalentwicklung steuernde „Extremitätenfeld" als latentes Ordnungsprinzip auch dem fertigen Bein erhalten.

Sehr merkwürdig ist sodann, daß im Regenerationsablauf die Phase der Gewebsauflösung nach einer bestimmten Zeit zum Stillstand kommt und rechtzeitig durch das Wachstum und die Neudifferenzierung im Blastem abgelöst wird. Mit guten Gründen darf man annehmen, daß vom wachsenden Blastemkegel eine Rückwirkung ausgeht, die das weitere Fortschreiten des Zerfalles abstoppt. An dieser zweckmäßig erscheinenden Regulation ist das Nervensystem maßgebend beteiligt. Werden nämlich, wie in unserer Abb. 42a, auf der linken Seite zusätzlich zur Amputation des Unterarmes auch noch die vom Rückenmark ausgehenden Armnerven durchtrennt, so setzt sich der Gewebezerfall, von der Wundfläche nach innen fortschreitend, unbehindert fort. Nun wird der ganze Beinstumpf davon erfaßt. Die Gewebetrümmer können sich ohne Nervenhilfe nicht zum aufbauenden Blastem vereinigen, sie zerfallen vielmehr völlig, werden aufgelöst und weggeräumt. Und so schwindet nach und nach unter den Augen des Beobachters das beschnittene Bein (Abb. 42b).

Ähnliches geschieht auch nach Röntgenbestrahlung. Werden beide Vorderbeine eines Molches oder Salamanders mit gleichen Dosen geschädigt und wird darauf auf der einen Seite der Unterarm oder die Hand abgeschnitten, so ist hier der stehengebliebene Rest dem totalen Untergang geweiht, während das nicht beschnittene Bein trotz der Bestrahlung erhalten bleibt. Offensichtlich leitet der Experimentator mit der Amputation die erste Phase des Gewebezerfalls ein, der nun aber deshalb unbehindert fortschreiten kann, weil im bestrahlten Stumpf die korrigierende Gegenwirkung einer Blastembildung ausbleibt. So beruht ein erfolgreicher Regenerationsablauf auf dem fein abgestimmten Wechselspiel zwischen abbauenden und aufbauenden Vorgängen. Die *Rolle der Nerven* beruht wahrscheinlich auf einer *stofflichen Hilfe*. Die Synthese solcher Stoffe erfolgt in den Zellkörpern der Ganglienzellen, die sich im Rückenmark (motorische) oder in den Spinalganglien (sensible) befinden (Abb. 39). Von diesen Zellkörpern ausgehend, führen die Nervenfasern zur Peripherie, also auch zum Regenerationsblastem. Nun weiß man, daß längs der Fasern dauernd Stoffe nach außen transportiert werden. Sie bringen dem Blastem die unentbehrliche Hilfe. Erstaunlicherweise benötigen aber embryonale Extremitätenknospen keine Nervenversorgung. Sie wachsen aus und differenzieren sich zu normalen Beinchen, auch wenn experimentell jede Verbindung mit Nerven verunmöglicht wird. Offenbar haben embryonale Primärblasteme doch recht unterschiedlichere Ansprüche und Potenzen als die sekundär sich bildenden Regenerationsblasteme.

Die Extremitäten der Schwanzlurche sind deshalb besonders bevorzugte Objekte der Regenerationsforschung, weil Molche und Salamander auch nach der Metamorphose noch Schwänze und Beine ersetzen können. Selbst neue Augen regenerieren aus Reststücken des alten Organs. Es ist auch gelungen, einem Salamander ein Auge herauszunehmen und durch ein anderes zu ersetzen. Nach einer Phase des Ein- und Umbaues kann das operierte Tier mit dem eingepflanzten Auge auch richtig sehen. Bei den Froschlurchen erscheint dagegen das Regenerationsvermögen stark eingeschränkt. Zwar sind Kaulquappen auch imstande, Schwänze und Extremitäten zu regenerieren. Wird aber einem Frosch nach der Metamorphose ein Bein abgeschnitten, so wird es nicht mehr neu gebildet. Es zeigt sich, daß unter der rasch zuheilenden Haut ein Narbengewebe entsteht, das die Bildung eines richtigen Blastems nicht zuläßt. Verhindert man den übereiligen

Wundverschluß durch Behandeln des Stumpfes mit einer starken Salzlösung, so setzt auch beim erwachsenen Frosch eine Beinregeneration ein. Erfolge werden auch erzielt, wenn die Nervenversorgung verstärkt wird, indem man zusätzliche Nerven in den Beinstumpf einleitet. Diese überraschenden Befunde lehren uns, daß Möglichkeiten zu Regenerationsleistungen viel weiter verbreitet sind, als man früher glaubte. Um Erfolge zu erzielen, muß der Experimentator allerdings eingreifen und besondere Versuchsbedingungen erfüllen.

Weitere und verschiedenartigste Regenerationsexperimente, die an Molchen ausgeführt werden, haben eine Fülle von Erfahrungen und neuen Erkenntnissen vermittelt. Darunter gibt es einen besonders berühmten und klassischen Versuch, dessen Ergebnis mehr als alles Übrige die Geister erregt hat und mit dem sich sogar die Philosophen eingehend befaßt haben. Im Jahre 1891 berichtete der Italiener V. S. Colucci, daß ein Molchauge, dem man die Linse herausschneidet, eine neue Linse regeneriert, und zwar aus Material des oberen Irisrandes (Abb. 43 a—d). Einige Jahre später wurde diese Ersatzleistung von G. Wolff erneut untersucht und eingehend theoretisch ausgewertet. Was bei einer solchen Wolffschen *Linsenregeneration* geschieht, ist deshalb so ungewöhnlich, weil in der Embryonalentwicklung die Linse aus der Oberhaut und nie aus der Iris entsteht (Abb. 25). Und eben dies ist das Überraschende, daß ein völlig anderes Gewebe den Ersatz übernehmen kann, und zwar dann, wenn eine Regeneration aus dem ursprünglichen, zur Hornhaut erhärteten Mutterboden nicht mehr möglich ist. Den Vitalisten, die dem Organismus besondere, nicht physikalisch-chemisch faßbare Lebenskräfte zuerkennen, erschien diese Linsenregeneration als ein überzeugendes Beispiel einer zielstrebigen Leistung. Gewiß, das Auge weiß sich zu helfen, und dies muß uns auch heute noch genauso Eindruck machen wie den Erstentdeckern vor mehr als einem halben Jahrhundert. Nun haben allerdings neuere Experimente doch einige Einsichten gewährt, die uns zeigen, wie eine nach Ursache und Wirkung fragende Kausalforschung manch Geheimnisvolles verständlicher werden läßt.

Im oberen Irisrand von Amphibien erhält sich offenbar zeitlebens eine latente Fähigkeit (Kompetenz) zur Linsenbildung.

Warum aber wird diese Möglichkeit nur dann verwirklicht, wenn
die legitime Linse entfernt wird? Man kann beweisen, daß von der
Erstlinse eine Hemmung ausgeht, die die Iriszellen in Schach hält.
Dieser Einfluß wirkt auch dann, wenn man die Linse aus ihrer
Normallage entfernt und in den Glaskörper der hinteren Augen-

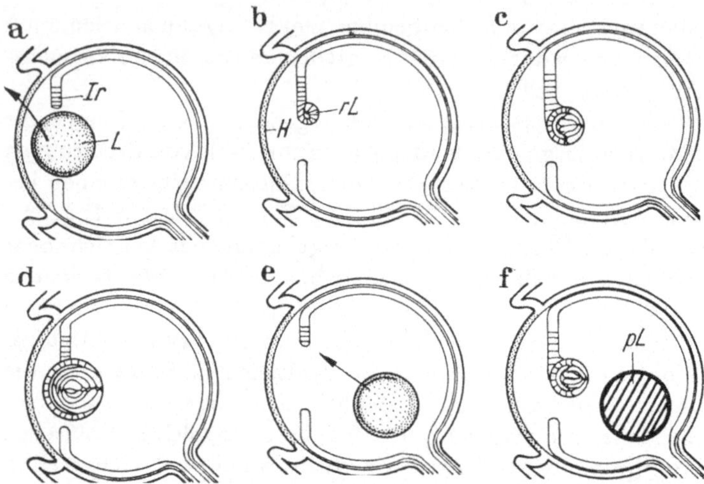

Abb. 43 a—f. Linsenregeneration aus dem oberen Irisrand (*Ir*). a Entfernen der
Linse (*L*, Pfeil); ursprüngliche Herkunft der Linse aus der Hornhaut-Epi-
dermis (*H*) mit feiner Punktierung angegeben. b—d Der obere Irisrand
(schraffiert) bildet die neue Linse. e Versetzte Linse hemmt die Regeneration
(Pfeil). f Tote, paraffinierte Linse (*pL*) hemmt die Regeneration nicht

kammer versetzt (Abb. 43 e). Wird aber eine Linse abgetötet und
von Paraffin durchtränkt, dann verliert sie ihre Kontrolle über den
Irisrand (f). Jetzt geht dort die Regeneration los! Somit beruht
die Hemmung nicht auf der bloßen Anwesenheit eines kugeligen
Körpers und auch nicht auf den dadurch verursachten mechanischen Druckbedingungen. Die Linse wirkt vielmehr mit chemischen Mitteln, die in ihren lebenden Zellen entstehen. Und erst,
wenn diese spezifischen Linsenstoffe wegfallen, wird die latente
Potenz im Irisrand frei und aktiv.

Die absonderliche Wolffsche Linsenregeneration ist damit in
einen größeren Zusammenhang gestellt. Sie zeigt uns erstens, daß
in unseren Organen und Zellverbänden mancherlei Entwicklungs-

möglichkeiten schlummern, die nur unter besonderen Bedingungen zum Einsatz kommen. Und zweitens sehen wir, wie organspezifische Spezialstoffe die Harmonie und Ordnung im Organismus sichern, und dies sowohl im normalen Leben wie auch nach störenden Eingriffen.

Leider verfügt der Irisrand des Menschen über keine Fähigkeit zur Linsenregeneration. Das durch Staroperation entfernte Organ wird nie nachgeliefert; es muß durch eine Brille ersetzt werden. Aber selbst unter den Amphibien ist die Wolffsche Regeneration nicht allgemein verbreitet. Sie funktioniert besonders zuverlässig bei Molchen (*Triturus*-Arten) und übrigens auch bei einzelnen Fischen. Andere Amphibien, wie z. B. die Verwandtschaftsgruppe des Axolotls (*Ambystoma*-Arten), können aus dem Irisrand keine Linse liefern. Beim Krallenfrosch *(Xenopus)* bildet sich nach Entfernen der Linse ein Regenerat aus der Hornhaut (Cornea). Diesmal entsteht die neue Linse aus dem gleichen epidermalen Mutterboden, aus dem embryonal auch die Erst-Linse hervorgegangen ist.

Überlegen wir uns nun aber noch genauer, was eigentlich zu geschehen hat, wenn aus der Iris eine Linse entstehen soll. Ausdifferenzierte Zellen der farbigen Regenbogenhaut, die mit Pigmentkörnchen vollgepfropft sind, fangen erneut an, sich zu teilen. Dies, sobald sie die chemisch übermittelte „Meldung" bekommen, daß die Linse im Auge fehlt. Die Nachkommen dieser Iriszellen verlieren dann ihr Pigment, und sie versammeln sich zu einem Linsenblastem. Das ist nun *echte Metaplasie*, was bedeutet, daß in einem Zellstamm (Klon) von einem Erbprogramm auf ein anderes umgestellt wird. Gene, welche für die Farbstoffsynthese im Einsatz waren, stellen ihre Tätigkeit ein. Andere, vorher untätige Gensortimente werden aktiv. Diese Erbfaktoren ermöglichen nun die Synthese der spezifischen Linsenproteine.

Metamorphose und Hormone

Ungezählte Kaulquappen bevölkern im Frühjahr die Gewässer. Im Sommer verwandeln sich diese Larven in knapp zwei Wochen zum lungenatmenden Tier. Der Spaziergänger mag dann am Rande eines Sees oder Teiches Tausenden von kleinen Jung-

fröschlein begegnen, die eben alle miteinander das Wasser verlassen
haben und erstmals ins Land hineinhüpfen. Diesem Wechsel der
Umwelt geht eine Metamorphose voraus, die zu tiefgreifenden Um-
wandlungen in zahlreichen Körperteilen und Organsystemen führt.

Bei den metamorphosereifen Kaulquappen fangen zunächst die
Hinterbeinstummel stark zu wachsen an, und die Vorderbeine, die
im Larvenstadium in der Kiemenhöhle versteckt liegen (Abb. 45),
durchbrechen die bedeckende Haut und werden so frei. Der
Schwanz wird bis zum völligen Verschwinden eingeschmolzen.
In der Haut entwickeln sich mehrzellige Schleim- und Giftdrüsen,
und ihre Struktur wird auf die Bedürfnisse des Landlebens ein-
gerichtet. Die Kiemen verschwinden, das Fröschchen benutzt
jetzt seine Lungensäcke und seine Mundhöhle zur Aufnahme von
Sauerstoff aus atmosphärischer Luft. Die ganze larvale Mundbewaffnung (Abb. 26) mit Hornschnabel und Hornstiftchen wird
abgestoßen, der Mund zum Froschmaul erweitert, und in den
Kiefern brechen die echten Zähne durch. Im Mund bildet sich
auch neu eine Zunge. Die Augen wachsen zu ansehnlicher Größe
heran und werden mit Lidern ausgestattet, auch entsteht ein
Trommelfell, das das Mittelohr nach außen abschließt. Im Innern
erfolgen Umkonstruktionen der Blutgefäßbahnen und der Muskulatur. Die Funktion der larvalen Vorniere wird durch eine Urniere
abgelöst. Als Vegetarier haben die Kaulquappen einen Darm von
neunfacher Körperlänge; in der Metamorphose wird er stark ver-
kürzt. Er ist jetzt nur noch doppelt so lang wie der Körper, und
damit ist er auf das Fleischfressen des fliegenfangenden Frosches
umgestellt.

Diese Rückbildungen, Neubildungen und Umkonstruktionen
der Organe sind auch von biochemischen Änderungen begleitet.
So wird die Affinität des roten Blutfarbstoffes zum Sauerstoff er-
niedrigt und damit auf die Luftatmung umgestellt.

Diese Anpassung wird dadurch erzielt, daß vor und nach der
Metamorphose je verschiedene *Blutfarbstoffe* (Hämoglobin) konstruiert werden. Dies bedeutet, daß die Tätigkeit von „Kaul-
quappen-Genen" durch den Einsatz von „Frosch-Genen" abgelöst
wird. Die verschiedenen Gene codieren je unterschiedliche Eiweißketten (S. 26). Im übrigen lassen sich die Frosch-Blutkörperchen
auch mikroskopisch von den Blutzellen ihrer Larven unterschei-

den, und auch die Organe, welche die Blutkörperchen liefern,
lösen sich ab. Bei den Larven ist es die Niere, beim metamorphosierten Frosch die Milz.

Eine vergleichbare Umstellung in der Blutbildung ist auch für
den Menschen nachgewiesen. Vor der Geburt stammt der ständige
Nachschub an roten Blutzellen aus der Leber, nachher übernimmt
das Knochenmark diese Aufgabe. Beim vorgeburtlichen „Fötalhämoglobin“ ist der eisenhaltige Farbstoffkern (das Häm) von je
zwei gleichen α-Globinketten und zwei γ-Ketten umsponnen. Bei
der Herstellung des nachgeburtlichen „Adulthämoglobins“ bleibt
das α-Gen weiterhin wirksam; dagegen wird jetzt das γ-Gen stillgelegt und durch ein neu aktiviertes β-Gen abgelöst. Daher entstehen nun an Stelle der γ-Ketten zwei β-Ketten. Da diese Gene
je verschiedene Sequenzen von Basenbuchstaben enthalten, werden auch verschiedene Sortimente von Aminosäuren zu den Eiweißketten der Hämoglobine aneinandergefügt (vgl. S. 26). Die
Umstellung in der Synthese der Hämoglobin-Moleküle hat uns
erneut gezeigt, wie in der Entwicklung eines Lebewesens die
Erbfaktoren, stufenweise sich ablösend, in einer bestimmten *Raum-
Zeit-Ordnung* eingesetzt werden.

Eine weitere molekulare Änderung erfolgt in der Metamorphose
der Frösche im Aufbau der aus Vitamin A entstehenden lichtabsorbierenden Farbstoffe der Augen. Der für das Sehen unter
Wasser geeignete *Sehpurpur* (Porphyropsin) wird durch eine dem
Landleben angepaßte Molekülart (Rhodopsin) abgelöst. Schließlich wechselt auch die Chemie der *Exkretstoffe.* Kaulquappen, die
im Wasser schwimmen, können den aus dem Eiweiß-Stoffwechsel
anfallenden giftigen Ammoniak genügend verdünnen und direkt
ausscheiden. Bei Landtieren, denen weniger Wasser zur Verfügung
steht, wird es nötig, den Ammoniak bereits im Körper zu entgiften. Er wird in der Leber zur Synthese von Harnstoff oder
Harnsäure verwendet und so beseitigt. Daher scheidet der „Landfrosch“ in seinem Urin — wie wir — Harnstoff aus.

Auch bei Schwanzlurchen führt die Metamorphose zu einer
langen Liste mannigfacher Änderungen. Zwar bleibt bei Molchen
und Salamandern der Schwanz erhalten, doch sind die Umbauten
in der Haut, im Kreislauf und im Atmungsapparat nicht minder
eingreifend als bei Froschlurchen.

Die Metamorphose der Amphibien stellt den Entwicklungsforscher vor zahlreiche interessante Probleme. Wir werden gleich sehen, wie die Beschäftigung mit diesen Fragen zu wichtigen Entdeckungen führen konnte, denen eine weit über die Welt der Lurche hinausgehende Geltung und Bedeutung zukommt.

Fragen wir zunächst nach den auslösenden Ursachen der Metamorphose. Im Jahre 1912 berichtete F. Gudernatsch über einen Experimentalerfolg, der als Pionierleistung in die Geschichte der Biologie eingegangen ist. An junge Kaulquappen wurden Stücke aus Lunge, Herz, Darm, Muskulatur, Gehirn und verschiedenen Drüsen des Schafes verfüttert. Es zeigte sich sogleich, daß jene Versuchsgruppe, die Schilddrüsenpulver gefressen hatte, auf diese ungewöhnliche Diät mit einer sofort einsetzenden und verfrühten Metamorphose reagierte. Kein anderer Organteil hatte diese Wirkung. Vier Jahre später gelang ein weiteres entscheidendes Experiment. Bei Froschembryonen wurde die Schilddrüsenanlage, die sich am Grunde des Kiemendarmes entwickelt, herausgeschnitten. Die so operierten Keime entwickelten sich unbehindert zu lebenskräftigen Larven. Während aber ihre nichtoperierten und unter ansonst gleichen Bedingungen aufgezogenen Geschwister sich zu gegebener Zeit in Fröschchen verwandelten, blieben die schilddrüsenlosen Tiere zeitlebens dem Wasserleben treu. Dabei wachsen sie zu eigentlichen Riesenlarven heran. Daß nicht etwa die „Operation an sich“ das Versagen verschuldet, läßt sich dadurch beweisen, daß einem schilddrüsenlosen Tier entweder die entscheidende Substanz verfüttert wird, oder daß man ihm irgendwo im Körper eine lebensfrische Schilddrüse einpflanzt. In beiden Fällen wird die Metamorphose prompt ausgelöst.

Ungezählte spätere Versuche konnten diese grundlegenden Befunde bestätigen: Ohne *Schilddrüse* gibt es keine Metamorphose, und verfrühte Umwandlung erfolgt nach Zufuhr von Schilddrüsensubstanz. Diese Einsichten wurden vor einem halben Jahrhundert in den Jahren gewonnen, da die großen Entdeckungen über jene Wirkstoffe gelangen, die heute als verschiedenartige *Hormone* allgemein bekannt sind.

Die Schilddrüse gehört als typische Hormonspenderin zu den Drüsen ohne Ausführgang, die mit dem übrigen Körper nur durch die Blutbahn in Verbindung stehen. Ihr Wirkstoff wird daher als

„inneres Sekret" in die Blutflüssigkeit abgegeben und von dieser den reaktionsbereiten Erfolgsorganen zugetragen. Die Zellen der Schilddrüse sind darauf spezialisiert, das mit der Nahrung und dem Wasser aufgenommene Jod in hohen Konzentrationen anzureichern. Dieses eingefangene Element wird in der Schilddrüse in relativ einfache organische Verbindungen eingebaut, und eben diese Verbindungen wirken als Metamorphosehormone. Solche jodhaltige Stoffe können heute rein dargestellt werden. Unter ihnen hat die als *Thyroxin* bezeichnete Verbindung eine besonders starke Metamorphosewirkung. So kann Thyroxin, das dem Chemikalienschrank entnommen wird, die Funktion der Schilddrüse völlig ersetzen. Unglaublich kleine Mengen dieses Stoffes genügen bereits, um jungen Kaulquappen eine verfrühte Metamorphose aufzuzwingen. Dabei kann man den Wirkstoff lediglich dem Wasser beigeben, in dem die Larven leben. Wenn wir eine Schar junger Kaulquappen etwa in einem Litergefäß halten, so lösen wir ihre Metamorphose schon mit einem hundertstel Milligramm Thyroxin aus, was einer Verdünnung von $1 : 100\,000\,000$ entspricht. Außer dem Thyroxin kommen im natürlichen Schilddrüsenhormon noch andere ähnliche, aber stets jodhaltige Verbindungen vor. Nun wird auch verständlich, daß Kaulquappen, die in jodfreiem Wasser gehalten und mit völlig jodfreier Kost aufgezogen werden, niemals metamorphosieren.

Eine mikroskopische Untersuchung der Schilddrüse zeigt, daß ihre Zellen während des ganzen Larvenlebens klein und untätig bleiben. Erst kurz vor der Metamorphose beginnt die Produktion und die Abgabe des Hormons. Nun kennt man tropische Amphibien, deren Entwicklung nicht über ein freilebendes Kaulquappenstadium läuft. So schlüpfen aus den Eihüllen einer auf Jamaica lebenden Baumkröte voll metamorphosierte, aber sehr kleine lungenatmende Jungtiere. Bei solchen Arten setzt denn auch gleich nach der Embryonalentwicklung die Hormonbildung in der Schilddrüse ein.

Nach solchen Erfahrungen haben wir nun zu fragen, ob die Schilddrüse selbst, einer eigenen Entwicklungsuhr folgend, den Zeitpunkt der Hormonabgabe und damit das Einsetzen der Metamorphose bestimmen kann. Die Antwort erhalten wir aus einer Reihe entscheidender Experimente, die wir in einer Tabelle zusammenstellen. Wir werden gleich sehen, wie außer der Schilddrüse auch die *Hypophyse* eine Rolle spielt. Nun haben wir bereits auf S. 104 darüber berichtet, wie man die embryonale Anlage der Hypophyse entfernen kann und wie dadurch die Körperfärbung der Amphibienlarven beeinflußt wird (Abb. 38). Solche Tiere, denen Vorder- und Mittellappen der Hypophyse fehlen, wachsen aber erstaunlicherweise zu großen Larven heran. Doch gelingt ihnen (Exp. 2) ebensowenig wie den Schilddrüsenlosen (Exp. 1) eine Metamorphose. (Die verschiedenen klärenden Experimente

Tabelle 2. *Bedeutung von Hypophyse und Schilddrüse für die Metamorphose*

	Hypophyse	Schilddrüse	Zusatz	Metamorphose
Kontrolle	vorhanden	vorhanden	—	ja
Exp. 1	vorhanden	fehlt	—	nein
Exp. 2	fehlt	vorhanden	—	nein
Exp. 3	fehlt	fehlt	Thyroxin	ja
Exp. 4	fehlt	fehlt	Hypophysenhormon	nein
Exp. 5	fehlt	vorhanden	Hypophysenhormon	ja

sind in der Tabelle 2 aufgeführt.) Offensichtlich sind beide Hormondrüsen zum Vollzug einer Verwandlung unentbehrlich. Aus dem Exp. 3 folgt sodann, daß das Schilddrüsenhormon, falls man es von außen zugibt, die Metamorphose direkt auslösen kann. Eine solche unmittelbare Wirkung ist dagegen dem Hypophysenhormon versagt (Exp. 4). Es spielt vielmehr die Rolle eines indirekten und übergeordneten Auslösers, indem es die Hormonabgabe der Schilddrüse erst anzuregen hat (Exp. 5). Nun kennen wir die wesentlichen Vorgänge: Zu gegebener Zeit schickt die Hypophyse ein auf die Schilddrüse (Thyreoidea) hinzielendes Hormon aus. Dieses „*thyreotrope Hormon*" stimuliert die Schilddrüse und befähigt sie, ihr Metamorphosehormon abzugeben. Erst dieses wirkt direkt auf die zahlreichen Erfolgsorgane, von denen jedes nun seine besonderen Wandlungen vollzieht.

Es gibt eine Reihe von Amphibien, die normalerweise nicht oder nie metamorphosieren. Zu ihnen gehört der mexikanische Axolotl *(Ambystoma mexicanum)*, eine große Salamanderart, die zeitlebens im Larvenstadium verharrt und sich auch als Larve fort-

pflanzt. Verfüttert man an diese überalterten Larven Schilddrüsen-
gewebe, oder führt man ihnen Thyroxin zu, so verwandeln sie
sich doch noch zur Landform. Eine genauere Untersuchung des
Axolotl-Falles hat uns allerdings gelehrt, daß primär nicht die
Schilddrüse, sondern ihr Anreger, die Hypophyse, versagt. Nun
ist das Ausbleiben der Metamorphose ein Erbmerkmal, das irgend-
wann bei den noch verwandlungsfähigen Vorfahren nach erfolgter
Mutation des normalen Genzustandes aufgetreten sein muß. Ein
oder mehrere Erbfaktoren, welche normalerweise die Funktion
der Hypophyse steuern, haben sich geändert. Bei andern nicht-
metamorphosierenden amerikanischen Amphibienarten haben sich
Mutationen ereignet, die zur Blockierung der Schilddrüsentätig-
keit führen.

Wieder ein anderer „Erbschaden" liegt beim europäischen Grot-
tenolm *(Proteus anguineus)* vor. Dieses farblose, blinde Höhlentier
lebt in den unterirdischen Gewässern des jugoslawischen Karst-
gebirges. Olme metamorphosieren nie, behalten also zeitlebens
ihre Kiemenbüschel, ihre Wasserhaut und alle weiteren larvalen
Eigenschaften. Weder Schilddrüsen- noch Hypophysenhormone
bringen die Olme zur Verwandlung. Ja, selbst ein Stück Olmhaut,
das einem metamorphosierenden Salamander eingepflanzt wird,
macht die Veränderungen seiner neuen Umgebung nicht mit. Beim
Olm sind es die Erfolgsorgane, die versagen. Durch Mutation von
Erbfaktoren ging die Ansprechbarkeit der verschiedenen Larvenorgane auf die Hormone völlig verloren.

Über unterschiedliches Ansprechen auf Metamorphosehormone
wollen wir jetzt noch etwas nachdenken. Ist es nicht höchst merkwürdig, daß auf die Thyroxinwirkung hin die Schwanzmuskulatur
einer Froschlarve völlig eingeschmolzen wird, während im glei-
chen Tier und damit im gleichen Hormonmilieu die Muskeln des
Rumpfes ganz intakt bleiben. Direkt positiv reagieren sodann die
Beinmuskeln; sie wachsen intensiv unter dem Hormoneinfluß.
Solch erstaunliche Unterschiede haben zu einer Reihe interessanter
Experimente geführt. So wurde einem Froschkeim in die Schwanz-
knospe eine Augenanlage implantiert. Daraus entwickelt sich eine
Kaulquappe, die im Schwanzbereich ein recht schönes Auge trägt
(Abb. 44a). Wenn später die Metamorphose einsetzt, bleibt das
schwanzständige Auge völlig unbehelligt (b). In dem Maße, wie

der Schwanz verschwindet, rückt es immer näher an das hintere
Körperende heran, und schließlich sitzt das Auge am Steiß des
jungen Fröschchens (c). Ähnliche Erfahrungen ergeben sich für
Beinanlagen, die in die Schwanzgegend verpflanzt werden (Abb.
44d). Auch sie folgen keineswegs der Abbaustimmung ihrer Umgebung; sie wachsen vielmehr zu großen Beinen heran (e), die
nach Schwinden des Schwanzes nun direkt aus dem Froschkörper
herausragen (f).

Wird andererseits eine Schwanzknospe in die embryonale
Rumpfgegend versetzt, so wächst sie dort zum kräftigen Schwanz
aus (g). Doch erfaßt der Metamorphoseabbau später den zusätzlichen Schwanz genauso rasch wie den normalen Schwanz (g—i).
Nicht die Lage im Körper und nicht die unmittelbare Umgebung,
sondern die speziellen Gewebeeigenschaften der Organe entscheiden über den Erfolg des Metamorphosehormons. Schwanzmuskeln werden bei Fröschen und Kröten durch Thyroxin offenbar deshalb zum Verschwinden gebracht, weil sie sich chemisch
von den so ähnlichen Rumpfmuskeln unterscheiden. Selbst ab-
geschnittene larvale *Xenopus*-Schwänze werden in einer Glaskultur
abgebaut, falls man dem Wasser Thyroxin zugibt. Bei den Molchen
und Salamandern ist die Ansprechbarkeit der Schwanzmuskeln
nicht ausgebildet; daher bleiben sie in der Metamorphose auch
erhalten. Bei Fröschen aber setzt die Ansprechbarkeit auf das
Schilddrüsenhormon einen bestimmten Reifegrad der reagierenden
Zellen voraus. Wird nämlich einer Kaulquappe vor der Metamorphose der Schwanz abgeschnitten, so bildet sich zunächst ein
Regenerat. Das noch junge Schwänzchen verschwindet dann nicht,
wenn sein Träger sich zum Frosch umwandelt.

Zum Abschluß möchten wir noch über ein anderes eindrucks-
volles Beispiel für lokal begrenzte Unterschiede des Ansprechens
berichten. Bei Kaulquappen bleibt die Vorderbeinknospe (*B*) zunächst in der Kiemenhöhle verborgen (Abb. 45a). Erst in der
Metamorphose brechen die Beine durch ein Hautfenster nach außen
durch. Dabei löst sich genau dort, wo das wachsende Bein an die
äußere Wand der Kiemenhöhle stößt, die Haut auf. Dies sieht so
aus, als ob das Bein durch seinen Kontaktreiz den Gewebeunter-
gang verursachen würde. Entfernt man aber die noch kleine Beinknospe frühzeitig (Pfeil in Abb. 45a), so bildet sich trotzdem ein

Hautfenster (*L*), sobald die Metamorphose einsetzt (Abb. 45 b).
Dies wäre vergleichbar einem Loch im Ärmel, in dem kein Ellen-

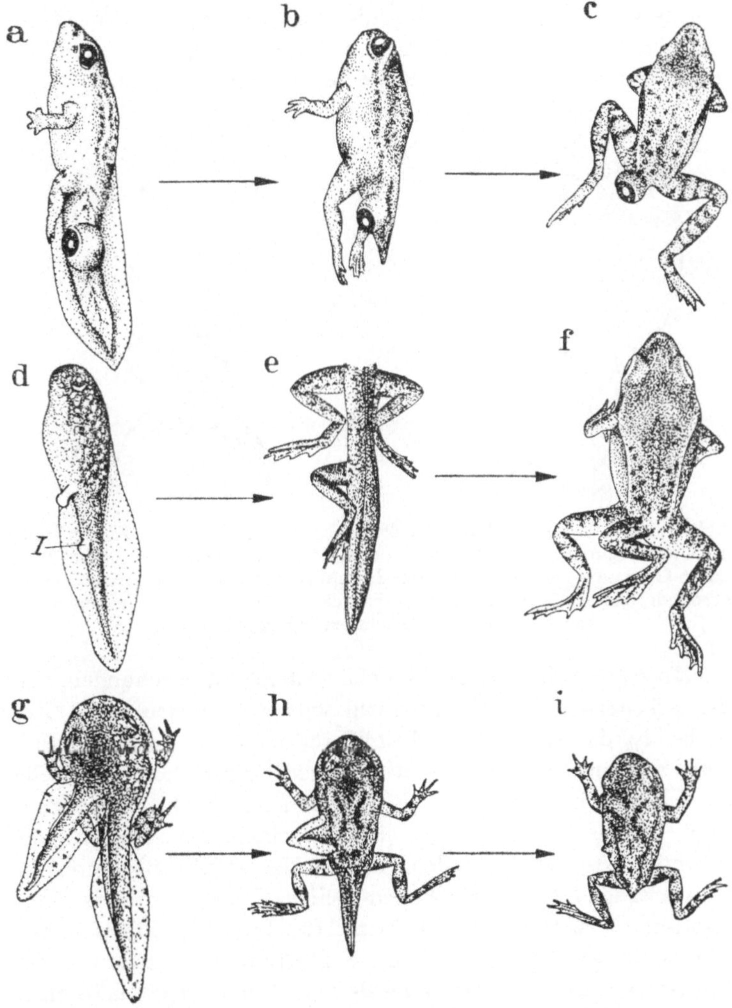

Abb. 44a—i. Unterschiedliches Ansprechen auf das Metamorphosehormon.
a—c Augenimplantat im schwindenden Schwanz bleibt erhalten (nach
J. L. Schwind). d—f Implantierte Beinknospe (*I*) entwickelt sich Ám Schwanz
zum Bein und bleibt erhalten (nach M. Schubert). g—i Schwanzimplantat
wird auch im Rumpf eingeschmolzen (nach R. Geigy)

bogen steckt. Das Experiment zeigt jedenfalls, wie eine eng begrenzte Stelle im Hautsystem von sich aus im Verlaufe der Metamorphose anders reagiert als die übrigen umgebenden Haut-
bereiche. Das auswachsende Bein benutzt dann lediglich die ohne
sein Zutun an der richtigen Stelle vorbereitete Öffnung.

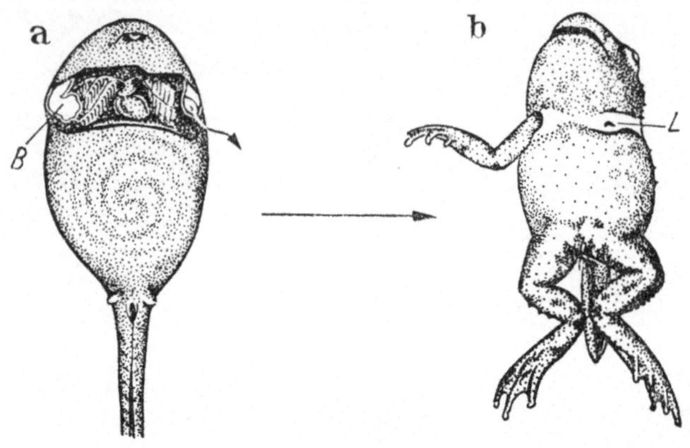

Abb. 45 a u. b. Durchbruch des Vorderbeines bei Froschlarven. a Kaulquappe,
das Vorderbein (*B*, hell) ist noch in der Kiemenhöhle verborgen, linkes Bein
durch Operation entfernt (Pfeil vom Stumpf ausgehend). b Operiertes Tier in
Metamorphose, rechtes Bein hat Hautbedeckung durchbrochen, links ist ebenfalls ein Loch (*L*) entstanden (b nach H. Braus)

Nun zeigten allerdings zahlreiche weitere Untersuchungen, daß
dieses klassische Experiment recht schwierig zu deuten ist. Zunächst ist das Loch, das selbstdifferenzierend ohne Beineinfluß
entsteht, deutlich kleiner als die auf der nichtoperierten Gegenseite
entstehende Hautöffnung (Abb. 45 b). Offenbar wirken mindestens
zwei Einflüsse gleichsinnig sich verstärkend zusammen: die
autonome Auflösungstendenz in den Hautzellen selbst und die
Einwirkungen des anstoßenden Beines. Damit wäre die Perforation des Hautfensters ein Beispiel für einen *„doppelt gesicherten“*
Entwicklungsvorgang. Falls diese Deutung richtig ist, sollten
Hautstücke aus der Lochgegend als Transplantate auch an fremder
Stelle, z. B. auf dem Rücken, im Zeitpunkt der Metamorphose
perforieren, und andererseits müßte ein Hauttransplantat, das von
irgendeiner Körperstelle herkommt, in der Extremitätengegend
auf den Beineinfluß mit Perforation reagieren. Solche Experimente

wurden auch durchgeführt; sie führten aber nicht regelmäßig zu eindeutigen Ergebnissen. Ein abschließender und allgemein überzeugender Beweis, daß wirklich doppelte Sicherung vorliegt, konnte kaum erbracht werden.

In ihrer Gesamtheit zeigen uns die Metamorphosevorgänge der Amphibien ein wunderbares Wechselspiel zwischen den auslösenden Hormonen und den Reaktionen der verschiedenartigsten Erfolgsorgane. Unser Staunen über derartig wohlgeordnete Lebensleistungen wird noch größer, wenn wir bedenken, daß Hunderte von Erbfaktoren dieses harmonische Geschehen im richtigen Zeitpunkt und an der passenden Körperstelle steuern.

Zusammenfassende neuere Werke
über Entwicklungsphysiologie und Genwirkungen

Balinsky, B. I.: An Introduction to Embryology, 3. Auflage. Philadelphia: Saunders 1970.

Bresch, C., Hausmann, R.: Klassische und molekulare Genetik, 2. Auflage. Berlin: Springer 1970.

Ebert, J. D.: Interacting Systems in Development. New York: Holt 1965.

Hadorn, E.: Letalfaktoren und ihre Bedeutung für Erbpathologie und Genphysiologie der Entwicklung. Stuttgart: Thieme 1955.

Kühn, A.: Vorlesungen über Entwicklungsphysiologie, 2. Auflage. Berlin: Springer 1965.

Pflugfelder, O.: Lehrbuch der Entwicklungsphysiologie der Tiere, 2. Auflage. Stuttgart: Fischer 1970.

Saxén, L., Toivonen, S.: Primary embryonic Induction. London: Logos Press 1962.

Wilt, F. H., Wessells, N. K.: Methods in Developmental Biology. New York: Crowell 1967.

Wolff, E., in Grassé, P. P., et al.: Biologie générale. Paris: Masson 1966.

Sach- und Namenverzeichnis